JN271871

身近な水の環境科学
実習・測定編
自然の仕組みを調べるために

日本陸水学会東海支部会 編集

朝倉書店

【編　集】

日本陸水学会 東海支部会

【監修者】（五十音順）

宗宮弘明　　（中部大学教授，名古屋大学名誉教授，農学博士）

田中庸央　　（前愛知県環境調査センター，水産学博士）

寺井久慈　　（前中部大学教授，理学博士）

八木明彦　　（愛知工業大学教授，名古屋女子大学名誉教授，理学博士）

【執筆者】（執筆順，＊印は編集責任者）

野崎健太郎＊（椙山女学園大学）

田代　喬＊　（名古屋大学）

松本嘉孝＊　（豊田工業高等専門学校）

谷口智雅＊　（三重大学）

村瀬　潤＊　（名古屋大学）

大八木英夫　（日本大学）

椿　涼太　　（広島大学）

加藤元海　　（高知大学）

永坂正夫　　（金沢星稜大学）

山本敏哉　　（豊田市矢作川研究所）

谷口義則　　（名城大学）

佐川志朗　　（兵庫県立大学）

藤谷武史　　（名古屋市立大学）

藤 井 英 紀　（東海クボタ，前名古屋大学）
鎌 内 宏 光　（金沢大学）
宮 岡 邦 任　（三重大学）
内 田 朝 子　（豊田市矢作川研究所）
石 田 典 子　（名古屋女子大学）
川 瀬 基 弘　（愛知みずほ大学）
山 中 裕 樹　（龍谷大学）
高 原 輝 彦　（広島大学）
源　　利 文　（神戸大学）
土 居 秀 幸　（広島大学）
森　　照 貴　（東京大学）

目　　次

1. 調査に出かける前に ……………………………………………………… 1
   1.1 陸水と人間 ── 本書の使い方
       ………［野崎健太郎・田代　喬・松本嘉孝・谷口智雅・村瀬　潤］… 1
   1.2 研究計画の立案
       ………［野崎健太郎・田代　喬・松本嘉孝・谷口智雅・村瀬　潤］… 3
   1.3 地図の読み方 ………………………………………［谷口智雅・田代　喬］… 10
   1.4 調査地点の分布図とルートマップの作成 ……………［大八木英夫］… 13
   1.5 安全への配慮 ………………………………………［松本嘉孝・田代　喬］… 17

2. 野外調査 ………………………………………………………………… 21
   2.1 河　川　地　形 ……………………………………………［田代　喬］… 21
   2.2 河　床　材　料 ……………………………………………［田代　喬］… 29
   2.3 流速と流量 ………………………………………………［加藤元海］… 35
   2.4 水　　　　温 ……………………………………………［野崎健太郎］… 42
   2.5 透明度と光環境 …………………………………………［野崎健太郎］… 43
   2.6 電気伝導度 ………………………………………………［谷口智雅］… 47
   2.7 pH …………………………………………………………［野崎健太郎］… 48
   2.8 簡易水質測定キット ……………………………………［谷口智雅］… 49
   2.9 生物の採集 ………［村瀬　潤・野崎健太郎・加藤元海・永坂正夫・
       　　　　山本敏哉・谷口義則・佐川史朗・藤谷武史・藤井英紀］… 50
   2.10 落葉の分解過程 …………………………………………［鎌内宏光］… 71
   2.11 湧水の調査 ………………………………………………［野崎健太郎］… 75
   2.12 地下水の調査 ……………………………………………［谷口智雅］… 76

3. 水の化学分析 　［松本嘉孝・野崎健太郎］… 81

- 3.1 水の保存 … 81
- 3.2 水質分析を始める前に … 83
- 3.3 分析法 … 86
- 3.4 溶存酸素 … 87
- 3.5 濁りと色 … 94
- 3.6 化学的酸素要求量 … 96
- 3.7 生物化学的酸素要求量 … 101
- 3.8 強熱減量 … 105
- 3.9 アンモニア態窒素 … 107
- 3.10 亜硝酸態窒素 … 110
- 3.11 硝酸態窒素 … 113
- 3.12 全窒素 … 116
- 3.13 リン酸態リン … 118
- 3.14 全リン … 120
- 3.15 ケイ酸 … 122

4. 実験室における生物の調査法 … 125

- 4.1 微生物 　［村瀬　潤］… 125
- 4.2 藻類 　［内田朝子・野崎健太郎・石田典子］… 129
- 4.3 水草 　［永坂正夫］… 140
- 4.4 貝類 　［川瀬基弘］… 144
- 4.5 水生昆虫 　［加藤元海］… 148
- 4.6 魚類 　［山中裕樹・野崎健太郎］… 152
- 4.7 爬虫両生類 　［藤谷武史］… 156

5. データ資源の活用 … 162

- 5.1 地図の利用 　［谷口智雅・田代　喬］… 162
- 5.2 史資料の利用 　［谷口智雅］… 163
- 5.3 データベースの利用 　［森　照貴］… 166

参考文献 ………………………………………………………… 172
索　引 …………………………………………………………… 179

コラム目次

- ●水辺の景観評価 ……………………………………… ［谷口智雅］…… 2
- ●河川と森林との関係 ………………………………… ［野崎健太郎］…… 9
- ●衛星測位システム …………………………………… ［椿　涼太］… 16
- ●川の表情を読み取る ——「河相」という考え方 …… ［田代　喬］… 25
- ●河床形態と河床型 —— 河川の流れによってできる規則的な地形
  ……………………………………………………… ［田代　喬］… 26
- ●河床材料の粒度分布 —— 粒径加積曲線 …………… ［田代　喬］… 32
- ●河川地形と河床材料の関係 ——「河床のアーマーコート化」を
  例に ……………………………………………… ［田代　喬］… 33
- ●自分で測定した流量を公式な値と比較してみる —— 豊川上流
  での検証 ………………………………………… ［野崎健太郎］… 39
- ●流れの可視化 —— 流速・流量計測の実際 ………… ［椿　涼太］… 39
- ●沿岸域での海底地下水湧出比抵抗探査 ……………… ［宮岡邦任］… 78
- ●ノンポイント汚染という現実 ………………………… ［松本嘉孝］… 100
- ●リンと富栄養化との関係 ……………………………… ［野崎健太郎］… 111
- ●微生物 —— 生態系の小さな巨人 …………………… ［村瀬　潤］… 127
- ●水を調べるだけで生き物がわかる！—— 環境中のDNAを利用
  した生物分布モニタリング法
  ……………………………… ［高原輝彦・源　利文・土居秀幸］… 159
- ●文学作品から河川水質の変遷を解く …［谷口智雅・野崎健太郎］… 164

1. 調査に出かける前に

1.1 陸水と人間 —— 本書の使い方

　河川，湖沼や地下水（温泉含む）など，陸地にある水を陸水と呼ぶ．陸水は淡水と思われがちであるが，塩水であることも多く，たとえば，世界最大の湖であるカスピ海は塩湖である．日本でも，海から遠い長野県南部の下伊那郡大鹿村には，塩分4％の鹿塩(かしお)温泉が湧出している．

　さて，少し高い場所から川や湖を眺めると，さまざまな要素で形成されていることに気づく．人間は，視覚・嗅覚など，いわゆる五感を駆使しながら，陸水の景観を環境意識や価値観により「水景」として評価している．「水環境」は，人間との関わりを有する水景であって，周辺に暮らす人々に対し，平常時にある種の癒しを，洪水時には畏怖を与えると同時に，飲用水を始めとする水資源，魚介類などの水産物をもたらす．身近な水環境は，その豊かな「恵み（生態系サービス）」により，私たちの日常生活を真に豊かにしてくれる．

　有史以来，人類は自然から資源と陸水を搾取した後，汚水に変えて排出し，水環境に対し多大な負荷を与えてきた．その結果，日本では，鉱毒被害，農薬散布による水生生物の減少，富栄養化や有機汚濁に伴う水質悪化が生じ，自然破壊に留まらず，人間生活の質の低下へとつながってきた．

　陸水をあらゆる方法により研究することをまとめて，「陸水学」と呼ぶ．陸水学は，川や湖の仕組みを解き明かしたいという純粋な興味を出発点とし，水景の妙を成立させる自然現象，水環境が維持・改変される過程やそれらの因果関係を明らかにすることにより発展してきた．そして，これまでに蓄積されてきた研究結果は，水質基準の設定，衛生工学の確立，水害の低減を通じ，安全・

安心な社会の構築に大きな役割を果たしてきた．

　科学は，「測って調べられること」を通して，未知なる現象の解明に取り組む営みのことである．本書では，これまでに陸水に関する科学で使われてきた「測って調べる」項目とその方法について紹介する．

　読者の皆さんは，研究計画を立案される際，本書を片手に現地に赴き，自らの感性により目的とそれを達成するために必要な「測って調べる」項目を考えてみて欲しい．本書で紹介する研究手法は，物理，化学，生物，地学，人文社会学，工学などといった多数の研究分野にわたっている．これほどまでに多彩な項目について，それらの基礎的な手法を測定事例とともに詳述する形式によって網羅した類書は他に見当たらない．本書の手順に沿って測定値を得た後は，事例と比較することにより，対象とした調査地の特徴を認識できるであろう．これから調査・研究に着手する皆さんが本書を「水環境調査の手引き書」として活用下されば幸いである．

〔野崎健太郎・田代　喬・松本嘉孝・谷口智雅・村瀬　潤〕

●コラム●　水辺の景観評価

　都市の河川・水路は，身近な自然として，環境保全・維持だけではなく，水辺空間としての親水機能が強く求められてきている．また，環境活動などを通じて，人々と水辺との関わりにも関心が高まっている．さらに，都市の水辺空間は単なる身近な自然環境だけでなく，都市のヒートアイランド対策として，その機能や効果が注目されている．このため，都市の河川・水路を人々と水辺空間との関わりを有する"器（うつわ）"として捉えた河川景観評価が行われ，さまざまな分野で水辺の景観研究がされている．たとえば，河川構造物や施設などの有無，植物や魚類などの生息環境など形態的に映し出されたものを対象として評価するものや視覚的に捉えられ景観を色彩的なイメージとして捉えて評価するもの，水辺空間全体を望ましい景観か否かなどの分析・評価なども行われている．水辺の景観を自然の立地条件と人間活動の相互から映し出された事象として取り上げる場合には，「よい景観」と「よくない景観（悪い景観）」の区別・評価に留まらない土地利用などの周辺の環境，利水や治水などの河川・水路など機能を含めた人間のイメージに左右されない景観分析も必要である．たとえば，河川空間の広がりに対する景観評価として，「広いと感じる」もしくは「狭まった

図1　天空率・占空率を求めるデジタル写真

と感じる」の評価について，どちらのイメージが強いか数値として段階的評価を行うことや，写真として撮られたデジタル画像を天空率・占空率という写し出された景観画像の空の部分の割合を求めることによって，その空間開放性として評価することもできる（図1）．

　河川景観の空間的な特徴は，堤内外地の利用によっても大きく異なっており，画像解析による定量的な把握と人間のイメージによる広がりとは異なる場合もあるが，高価な分析機器や特殊な技術を有しなくても行える水辺の景観評価は，河川環境を理解する上での多面的な河川環境評価の1つである．　　［谷口智雅］

1.2　研究計画の立案

1.2.1　計画を立てる前に ―― 自然との対話

　陸水の研究は，ものいわぬ自然との対話に始まる．したがって，自然の声を引き出すために，研究計画を吟味することが大切である．

　ひとくちに陸水といっても，河川，湖沼，地下水など，調査地となる場は多岐にわたる．そして，調査地が決まったとしても，場の仕組みを明らかにする視点には，河川流量や生物の個体数などの"量"と，水質に代表される"質"の両面がある．加えて，これら量と質に影響を与える地形や底質（河床材料）などの"器"，周辺の土地利用や地質条件，水源や海域からの距離，周辺に住まう人間との関わりの歴史によって醸成されてきた固有の"風土"といったところまで含めると，陸水研究において測るべき項目には限りがない．一方で，機器や手法が進歩しようとも，こと調査地からの課題の抽出という点に限れば，

研ぎ澄まされた人間の五感に勝る計測手法は存在しないともいえる．これは必ずしも研究者に限った話ではない．人間の五感によって取捨選択されながら，自由に組み立てられた「仮説」の力に比べ，仮説を証明（検証）するために行う調査や実験の力は限定的である．

陸水学におけるそれぞれの研究手法はあくまで自然を調べる手段であって目的ではない．しかし専門家を自認する研究者ほど，自らの領域に固執するあまり，方法に制限を設けてしまい，自然との対話に背を向けてしまうことがある．読者はそのことを念頭において調査を行ってほしい．なお，最先端の研究課題では高価な機器が必要となることも多いが，本書では，専門的な設備がなくても比較的容易に実施しうる方法を中心に扱っている．本書の読者には，現場感覚を大事にしながら，目的に応じて研究手法を選んでもらいたい．

1.2.2　目的の設定

陸水の研究を始める目的は大まかに次の3つに分けられる．①解決すべき環境問題が存在する，②解決すべき学問的課題が存在する，③自然観察から解き明かしたい課題が明らかになった，である．これら3点のうち，①と②は研究対象が明確であり，手法の選択や開発，計画の立案が比較的行いやすい．ただし，①は社会的（政治的）な要素を含むため，科学的な研究結果を基盤とした議論が必ずしも成立しない危険性（村上ほか，2000），そして②は主として大学の研究が中心となるが，その成否は研究者の力量に大きく左右され，とくに研究指導を受ける学生にとっては取り組んでいた研究が，指導者の過失によって成就しない可能性をそれぞれ含むことになる（村上，2013）．また，③では，研究の場となる河川・湖沼などにおいて，調査を進めていく中で明らかにすべき興味深い課題が抽出され，新たに，その解決を目指して研究することになる．ただし，闇雲に調査して情報を得ても，そこから課題を抽出することは困難であるため，何か一定の基準を持つ研究計画を立案して情報を取得することが大切である．

研究という営みは，人間の歴史とともに集積されてきた知識に，新しい発見を付け加えていく行為である．たとえば，生活排水が混入して人間が汚いと感じるような光景を対象としたとき，この水域の汚れの実態を知るためには，水

質分析や生物の生息状況調査などが頭に浮かぶが，それ以前に類似した現象を過去に解説した記事や調査した論文を読むことが問題を理解する大きな手助けとなる．先人によって蓄積された知識の多くは，書籍や論文として公開されており，研究を始める際には，先行研究をあたって既知と未知の事柄を整理することが重要である．近年では，インターネット上の論文データベースが整備され検索が容易になってきた．日本で発行されている学術雑誌であれば，誰でも利用できる J-Stage（科学技術振興機構）と CiNii（国立情報学研究所）が，ほぼすべてを網羅しつつある．たとえば，日本陸水学会の機関誌「陸水学雑誌」は 1931 年，日本地理学会の機関誌「地理学評論」は 1925 年の創刊号より J-Stage で公開されている．

1.2.3 場所を基準とした研究計画

河川の瀬と淵，岸辺〜流心への横断方向，上流〜中流〜下流の縦断方向，異なる水系など，物理的な構造や地理的配置が異なる場所間で，なるべく短い期間に地形，水質，生物などの相違点や共通点を調べ，それらが生じる過程と要因を明らかにすることを目的とする．地理的，水平的，空間的調査によって執

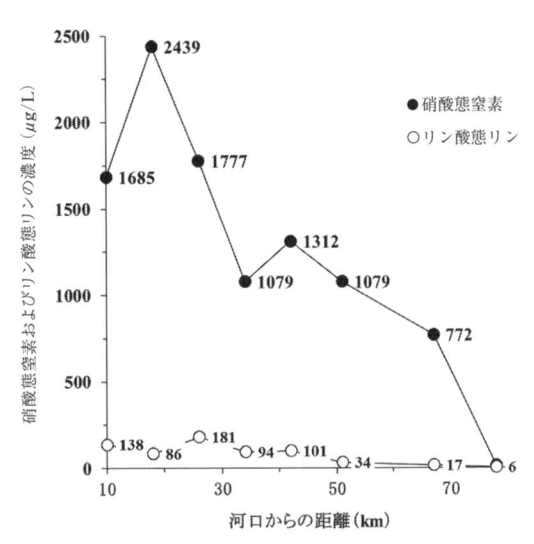

図 1.1 庄内川（土岐川）における硝酸態窒素およびリン酸態リン濃度の縦断分布（2005 年 11 月 20 日：志村・野崎，未発表）

り行う．

　図 1.1 は，庄内川（土岐川）における硝酸態窒素・リン酸態リン濃度の縦断的な変化である．窒素・リンともに，水源の夕立山（河口から約 100 km）に近づくにつれて，きわめて低い濃度となるが，山間部から濃尾平野への境界である春日井（河口から 30 km）を通過すると顕著な上昇を示している．このことから，人間活動が大きくなると，窒素・リンの負荷が増大し，水質に影響しているとみなすことができる．

1.2.4　時間を基準とした研究計画

　水環境は，日変化，季節変化，年変化など，時間の経過や外的条件の変化に伴って変化を生じる．ここでは，同一の調査地における地形，水質，生物など

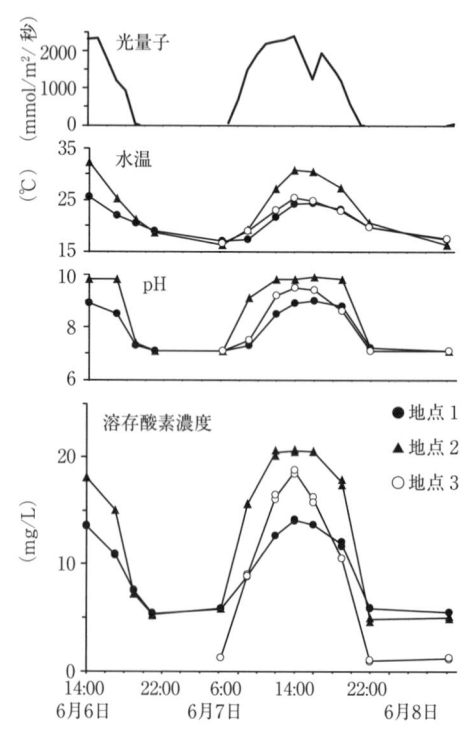

図 1.2　犬上川河口における光量子密度，水温，pH，溶存酸素濃度の日変化
（2000 年 6 月 6〜8 日；野崎，2011）

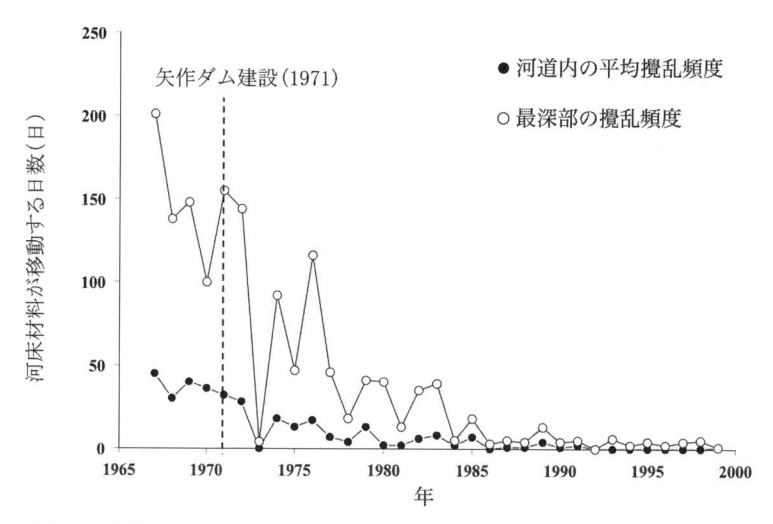

図 1.3 矢作川中流（河口から 42 km 地点，豊田市平成記念橋付近）における河床攪乱頻度の経年変化（北村ほか，2001）

の時間的変化について，その過程と要因を明らかにすることを目的とする．

　図 1.2 は，琵琶湖に流入する犬上川河口（滋賀県彦根市）で測定された光，水温，pH，溶存酸素濃度の日変化である（野崎，2011）．調査地点は，河床に大型糸状緑藻ウキシオグサ（*Cladophora crispata*）が繁茂しており，その光合成と呼吸が日変化を生じさせる原因となっている．

　図 1.3 は，河口から 42 km 遡った矢作川中流（豊田市平成記念橋付近）において，河床材料が動いた日数（河床攪乱頻度）の経年変化を推定した結果である（北村ほか，2001）．1971 年の矢作ダム（河口から約 80 km 地点）建設以降，下流の河床が動きにくくなってきた様子が明らかとなった．このような場（器）の変化は，付着藻類や底生動物を変化させ（内田，1997），アユ（*Plecoglossus altivelis*）の不漁（山本，2000）を招いた要因の 1 つと考えられている．

1.2.5　持ち物

　野外調査には，それなりの身支度が必要である．股下くらいまでの水深に立ち入る調査であれば釣り用の胴長靴が便利である（1.5.3 項参照）．踝以下の水深であれば長靴でも十分である．きれいな水辺であれば，夏場は渓流釣り用の

足袋（鮎タビともいう）が快適である．ただし，川底は多くの場合，ゴツゴツした石や礫に藻が生えていて非常に滑りやすいため，靴底はゴム底ではなくフェルト生地などの繊維でできたものを選ぶとよい．

　衣服は濡れる可能性が高いため，雨合羽など撥水生地の上着があるとよい．長袖の上着は虫刺されを予防し，植物から皮膚を保護するのにも役立つ．帽子は暑さを凌ぐだけでなく，風雨の影響を和らげ，頭部を保護する役目も果たすため，四季を通じて欠かせない．夏場には首にタオルを巻いておくと過度な日焼けを防ぎ疲労軽減にもなる．手袋は手指の怪我を防ぐのに大変役に立つ．軍手でも十分であるが，親指，人差し指，中指の3本の指先が自由になっていると筆記具での記録が取りやすい．釣り用に市販されているネオプレーン生地の手袋は，ウェットスーツと同じ生地で適度なフィット感とクッション性を有し，水中でも陸上でもストレスなく使えるうえ，3本の指先がカットしてあるという優れものである．なお，低水温期に水中に手を差し入れて作業する必要がある際には，肩まで覆うタイプの水産加工用途などに使うビニール製やゴム製の手袋があると，調査の負担を軽減してくれる．

　調査における記録には，野帳（携帯スケッチブック）と筆記具，デジタルカメラ，ハンディー型GPS機器（以下，GPS機器と表記）の組み合わせが大変便利である．最近のデジタルカメラには，防水性や耐衝撃性を有しながら高画質画像を取得できる機種や，GPS機能を持ち合わせた機種がある．また，GPS機器にもカメラ機能を備えた機種，スマートフォンやタブレット端末の中にも写真撮影，GPS機能はそのままに防水機能を備えた機種が販売されている．今日，調査記録用の道具については，非常に多様な選択ができるようになった．ただし，電子機器類に不具合が発生する可能性を考えると，やはり，野帳と筆記具に勝る道具はなく，カメラとGPS機器もそれぞれ必要十分な機能を有している機種を用意しておくのが最善と思われる．野帳と筆記具については水で濡れる可能性を踏まえると，水中でも書ける耐水紙製のノートと鉛筆（ゴルフ場の記録で用いるような芯だけのクリップペンシル（岡屋製「ペグシル」など）であれば腐食する心配がない）の組み合わせがよい．なお，スマートフォンや携帯電話については，緊急連絡用にも使用するため，防水ケースに入れるなどして水没させないように携帯したい．また，濡れた手やカメラのレンズを拭う

タオル数枚，別に持参する可能性のある調査機材の調整用工具（ドライバー，ペンチなど），GPS 機器，デジタルカメラなどの交換用電池，濡らしたくない道具を入れておくビニール袋（ジップロックなど密閉できるものが便利）などもあわせて準備するのがよい．これらの道具はリュックサックやウェストバッグに入れて持ち歩き，移動時には他の調査で使用する機材（それぞれ後述）を運搬するため，あるいは，運搬者自身の安全を確保するために，できれば両手を使えるようにしたい．手漕ぎボートなどを使用した調査における身支度，持ち物などについては，新井（1994）を参照されたい．

[野崎健太郎・田代　喬・松本嘉孝・谷口智雅・村瀬　潤]

●コラム●　河川と森林との関係

　河川生態系を全体として理解する試みは，Vannote et al. (1980) が提唱した「河川連続体仮説（river continue concept）」を理論的支柱として進められてきた．この仮説によれば，河川上流の生態系は，河畔林によって遮光されるため，河川内部の光合成による一次生産（P）は呼吸（R）より小さく（$P/R<1$），生態系を支える有機物は陸上由来で，とくに森林からの落葉の寄与が大きい．これが中流では一次生産が呼吸を上回り（$P/R>1$），濁りと水深が増す下流ではふたたび $P/R<1$ になる．しかしながら，小宇宙と称される湖沼に比べ，河川生

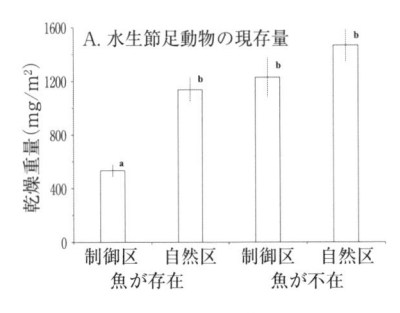

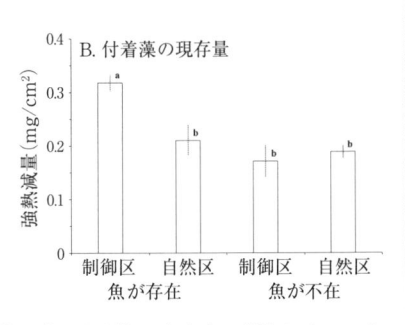

図1　4つの実験処理区（陸上からの節足動物の落下を制御＋魚存在，制御しない＋魚存在，制御＋魚不在，制御しない＋魚不在）における草食の水生節足動物（A）と付着藻類（B）の生物量（Nakano et al., 1999）．それぞれの棒グラフは4回繰り返しの平均値±標準誤差を示す．棒グラフに付されたアルファベットが異なる実験処理区の間には有意な差があることを示す（フィッシャーの最小有意差法による多重比較）．

態系は開放的なため,この仮説を検証していくことはなかなか困難である.
　Nakano et al. (1999) は,河川生態系に対する森林からの有機物の供給の内,落下する節足動物（昆虫など）の影響を明らかにしようと考え,大規模な野外操作実験を実施した.森林から河川に落下する節足動物を除去するために,森林内を流れる小川の一部をビニールハウスで覆い（制御区）,覆っていない場所（自然区）との比較を行った.図1は,その結果である.草食の水生節足動物の量は,魚が生息する制御区で他の実験区より有意に小さくなった.これは,魚が陸上からの節足動物の代わりに,水生節足動物を捕食したためであり,水生節足動物の減少は,その餌となる付着藻類の量の増加につながった.こうして河川と森林の結びつきがまた1つ検証されたのである.　　　　［野崎健太郎］

1.3　地図の読み方

1.3.1　地図の種類と地形図

　地図の種類には,一般図と主題図がある.一般図は,地形・水系・交通網・集落などその地域に分布する地理情報を縮尺に応じて描き表した地図の名称であり,主題図とは,特定の主題に重点をおいて描き表したものと,はじめからその目的のために測量して作成されたものを指す.調査のための地図は,その調査の目的に応じてさまざまなものを選択しうるが,一般図の中ではとくに地形図が基本となる.地形図は一般図の中でも日本国内全域において統一した規格と精度で作成されたものであり,地形のほか,道路,鉄道などの交通網,建物,農地などの土地利用も把握できる.

1.3.2　読図から得られる情報

　地図から情報を読み取ることを読図という.地形図からより多くの情報を得るためには,ある程度の技術と訓練が必要であり,とくに以下の点に留意することが大切である.
(1)　縮尺に応じた図式（距離・等高線の間隔など）を理解する.
(2)　発行年・測量年次・現地調査の実施年月を確認する.新旧の地形図をみれば,その変化も比較することもできる.

(3) 必要に応じて彩色を行うなど，さまざまな工夫を施すと，情報を読みとりやすくなる．
(4) 地形図全体を眺めたり，一部分のみに注目したりするなど，マクロからミクロに捉えることが大切である．
(5) 地形図をみるだけではなく，地図を携えて現地に赴き，地形図と見比べたりすることが大切である．

　図 1.4 は，豊田市中心部を含む地域の地形図「豊田南部」である．この範囲には大きな国道が 3 本あり，1 つは東西に，2 つは南北に走っている．土地利用をみると圧倒的に水田と畑が多いが，岡崎市に入ると果樹園の数も増えてきている様子がわかる．市街地でもっとも目立つのは，「トヨタ自動車」とその関連施設であり，これらは主に標高 50〜60 m の台地上で市街地や工場が広

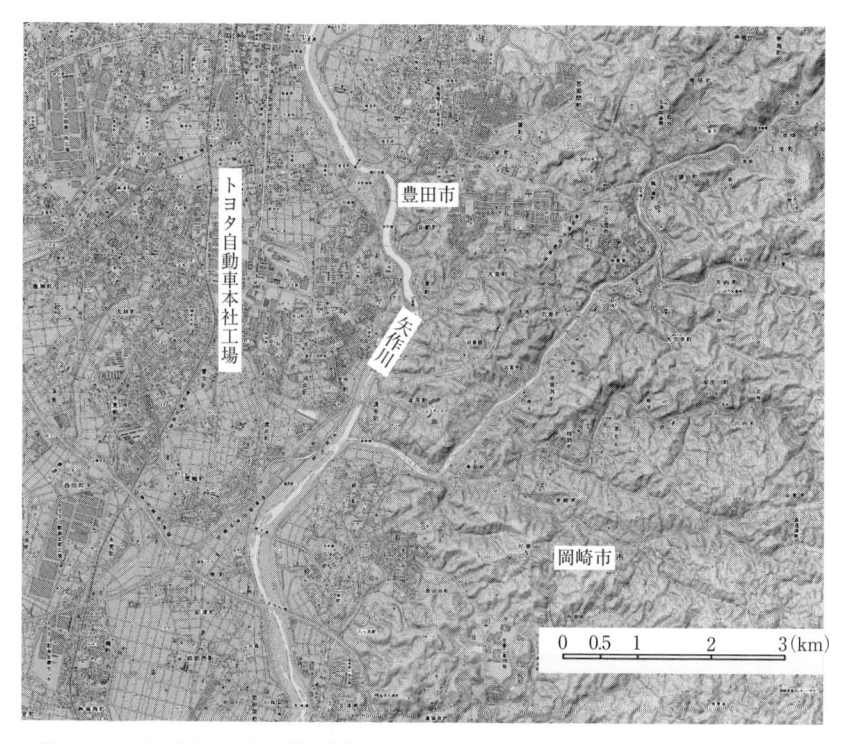

図 1.4 2 万 5 千分の 1※ 地形図「豊田南部」（国土交通省国土地理院，2010 より改変）．
　　　　※ここでは原図を縮小しているので実際の縮尺は 10 万分の 1.

がっている．トヨタ自動車本社工場がある地域はトヨタ町と称され，町のほぼ全域が工場となっている．その他，トヨタ自動車元町工場，同上郷工場，同上郷センターも確認でき，豊田市の第二次産業の中核を担っている様子がうかがえる．下請けの工場も含めて一大工業地域を形成していることから，従業員が住む住居のための団地が多く設けられている．南北に流れる矢作川に隣接する土地では，東海電子工業団地や五ケ丘，北斗台といった集合住宅街が目立つ．これらは，通勤に大変便利な立地であることから，今後ますます宅地化が進行する可能性が見込まれる．

一方，川沿いに新たに造成されたと思われる土地には，豊田スタジアムという球技場も建てられているが，総じて畑や田んぼが多いことからこの川が農業にとってきわめて重要であることが想像される．その他の地域でも，トヨタ自動車上郷工場周辺，東名高速道路と伊勢湾道のジャンクション周辺の標高30～40m以下の地域には田畑が広がっている．このように，都市部から少し離れた地域には農業が発展していることから，豊田市は農業と産業がうまく調和された都市だということができよう．

等高線の分布に着目してみると，矢作川を境に都市域と山地域がはっきり分かれる様子がみてとれる．この図幅範囲における岡崎市域では，隣接する豊田市と異なって山地域に位置しており，南北に流れる矢作川とそれに合流する巴川により豊田市と区別されている．市街地には，古瀬間墓園，松平氏遺跡，岩津第一号古墳，ゴルフ場や射撃場といったランドマークが見受けられる．

最後に水域の分布に着目すると，山間地にため池が点在していることがみてとれる．矢作川では，鵜の首橋付近において川に隣接する土地の標高が高く，文字通り，「鵜の首」状に狭められている様子がうかがえる．この付近は現在でも，矢作川におけるもっとも流下能力の低い区間となっており，この上流は水害リスクの高い地域となっている（国土交通省中部地方整備局，2009）．その下流の水源橋に設置された堰から取水された水は明治用水となっており，その分水路が川から離れた地域に広く灌漑している様子がうかがえる．また，矢作川に流入する巴川にも合流前に堰があること，水力発電所を有する郡界川という支川があることなどが確認できる．

このように，読図を行うことで，その地域に関するさまざまな種類の情報を

得ることができる．調査地を設定する際には当該地域の地形図を読むことをお薦めしたい．

[谷口智雅・田代　喬]

1.4　調査地点の分布図とルートマップの作成

1.4.1　調査地の把握のために

　現地に赴いた際には，現在地を正確に把握することが望ましい．地形図によっても把握できるが，調査地を移動している間，その経路や地点の位置情報を記録することが重要である．移動した「軌跡」や調査を実施した「地点」の位置情報を精度よく記録するには，GPS 機器が便利である．近年，GPS 機器はその精度が向上し，操作が簡単な機器が安価で入手できるようになっている．また，目的の場所に行くための「ナビゲーション」機能も備わっており，とくに水域における定点観測や移動観測の際の「位置の特定」に非常に有用である．ここでは，GPS 機器の使用と無料で利便性の高いソフトウェアである「Google Earth」を活用したルートマップ（経路図）の作成について紹介する．

1.4.2　GPS 機器による経路と位置情報の記録

　精度の高いデータを得るためには，電源を入れた状態にして，徒歩の場合は鞄の中に入れずに持ち歩き，車やボートなど乗り物での移動の場合はダッシュボードや窓際など障害物で覆わないようにする必要がある．記録したデータは，コンピュータを利用し電子地図（本書では，Google Earth を利用）上に表示，編集することができる．

　機器の電源を入れて携帯しておけば，自動的に緯度，経度，標高などの位置情報が徒歩や車・ボートなどによって移動した軌跡（ルート）となって自動的に記録される．また，計測を行った地点や特筆すべき情報が確認された地点などについては，別途，ボタンを操作して，その特性を入力して記録すれば，後述する調査記録の作成や調査結果の整理にも役に立つ．なお，安価な機器でも受信条件を整えると，緯度・経度については数 m 以内の精度を保つことができる．

1.4.3　Google Earth によるデータ取得

　GPS 機器に記録されたデータをコンピュータに取り込む方法は簡便であり，(1) 機器を Google Earth がインストールされているコンピュータにつなぐ，(2) 記録された地点情報をコンピュータに取り込む（インポートする），といった手順で行う．Google Earth の利用に当たって，予め知っておくと便利な用語を以下に示す．

・「**.gpx**」：　GPS 機器や地図ソフトウェアなどのアプリケーション間で記録されたデータをやりとりするためのデータ形式．

・「**トラック（またはトラックポイント）**」および「**軌跡（ルート）**」：　移動すると GPS 機器によって自動的に記録されるポイントおよびその軌跡．

・「**ウェイポイント**」および「**地点**」：　ユーザーが任意に入力するポイント．「自宅」や「St.1」のように，名前を変更してマークを付けることができる．

・「**ルートポイント**」：　記録されているポイントの間にルートが作成され，GPS 機器によって使用される．複数のルートポイントのセットも含むことができ，Google Earth にパスとしてインポートできる．

　GPS のデータを Google Earth で表示させるには，「トラック」，「ウェイポイント」，「ルートポイント」のいずれか，または「全部」を選択することができる．この際，GPS に附属のソフトウェアを利用してデータを取り込んでから Google Earth で表示するか（【既存の GPS データファイルをインポートする方法】），Google Earth から直接 GPS データを取り込むか（【GPS デバイスからデータを直接インポートする方法】）を選択する．なお，「.gpx」ファイルがすでにあれば，Google Earth アイコンやインターフェース（画面）にドラッグ＆ドロップしても可能である．

【既存の GPS データファイルをインポートする方法】

　Google Earth メニューバーから，「ツール」＞「GPS」を選択．「ファイルからインポート」を指定して，ファイルを参照して開く．

【GPS デバイスからデータを直接インポートする方法】

　Google Earth メニューバーから，「ファイル」＞「開く」を選択．データファイルを指定して開く．なお，Garmin 製の GPS 機器の場合，GPX フォルダに格納されている．

1.4.4　Google Earth による調査記録の作成例

　図 1.5 は，涌池（長野県長野市）の調査記録について，「軌跡」と「地点」を Google Earth にルートマップとして作成したものである．図中，「軌跡」は実線によって表示され，湖心や水面下の湧水が観測された地点には，「旗（フラグ）」が付されている．この湧水地点は，水抜きをして著しく水位低下させた時に偶然確認できたものであり，普段は見ることのできない地点である．

　したがって，このような地点を再調査するには，調査予定とする湧水地点を事前に GPS 機器に登録して「ナビゲーション」機能を使えば，湖水位が上昇している時も目的地まで容易に行き着くことが可能になる．また，GPS 機器ではデータ取得日時も記録されることから，そのときに撮影した写真の撮影時刻を同期すれば，調査台帳の作成にも活用できる．　　　　　［大八木英夫］

図 1.5　Google Earth による涌池（長野県長野市）の調査記録
　　　　（2012 年 10 月，大八木，未発表）

●コラム● 衛星測位システム

　衛星を使った測量技術，いわゆる GPS（global positioning system）を使うと，緯度・経度・標高の絶対値を直接知ることができる．GPS はアメリカが運用している計測システムを指し，元々は軍事目的で整備されたものである．アメリカの他に同様のシステムとして，ロシアの GLONASS，ヨーロッパの Galileo，中国の Beidou（北斗），インドの IRNSS，日本の QZSS（衛星みちびきはその一部）などが試験運用中，あるいは計画されている．このような，衛星を使った位置計測システムを総称して GNSS（global navigation satellite system）という．

　GPS（GNSS）では複数個の衛星からタイミングを合わせた特定の信号が発信され，それを地上のアンテナで受信する．受信されたそれぞれの衛星の信号を分析して，それぞれの衛星の位置と衛星までの距離を求め，受信した位置を逆推定するということが GPS 計測の基本原理である．

　アンテナで受信した衛星の信号のみで位置推定を行う方法は，単独測位と呼ばれ，数十 m 程度の精度で位置を知ることができる．単独測位では大気の状況などにより信号の伝搬速度が変化し，これが位置推定の誤差になる．

　位置が正確にわかっている基地局で衛星信号を受信することで，アンテナで受信された衛星信号のずれを測り，そのずれ情報の補正情報を用いて精度向上を図る方法は DGPS（differential GPS）と呼ばれ，数 m 程度の精度で位置を知ることができる．DGPS に用いる補正信号の配信は，地上のアンテナを用いるものの他に，配信用の衛星を用いるものがあり，後者については SBAS（satellite based augmentation system）と呼ばれる．SBAS には，北アメリカ地域を中心とした WAAS，東アジアを対象とした MSAS，ヨーロッパを対象とした EGNOS がある．SBAS の中で，一般的な DGPS より高精度な補正を行う商用のサービス（StarFire など）もあり，このような方法を用いるとほぼ全世界で 10 cm 程度の精度で位置計測が可能である．

　受信された衛星信号の波形そのものを分析することで，数 cm の精度で位置を知る方法として干渉測位という方法があり，フィールド調査で利用できるものとして RTK-GPS（real time kinematic GPS）という手法が存在する．これはアンテナごとに調整された補正信号を時々刻々と受信しながら測量を行うものであり，補正信号を提供するサービスに加入する必要がある．この補正信号の受信には携帯電話の通信回線を使用するが，山中では電波が届かないことがあるので，事前の調査が必要である．

　フィールド調査においてどのような GPS 機器を用いるかは，計測地域，要求

される精度，予算などの兼ね合いによる．大まかな位置を記録するという点では，単独測位でも十分なことも多く，その場合，携帯電話の付属機能などでも十分なことが多いが，専用のロガーを用いることも便利である．ロガーにはディスプレイが付いているもの（1万円〜）と，ディスプレイがなく，PCで設定した後に一定時刻などで位置情報をとり続けるもの（3000円〜）などがある．今日入手できるGPSロガーには，DGPS（SBAS）受信機能を持つものも多くある．また高機能なものではGPS以外のGLONASSなどの衛星の信号も使い，精度や安定性を向上させたものもある（3万円〜）．フィールド調査では，谷底部や斜面・樹林帯の近傍などでは電波の受信が困難である場合もあるが，多数の衛星を補足できるものはこのような場合でも比較的安定して計測が可能である．またアンテナを高くすることも有効である．多数の衛星信号を受信でき，またDGPSによる補正が可能であれば数mの精度で位置がわかるため，水平位置を知る上では十分なことが多い．ただ，原理的に高度の精度は水平精度の半分程度であるので，ローカルなスケールでの水面形や地形勾配などを測る上では十分ではなく，RTK-GPS（250万円〜＋従量性の通信・データサービス料）などの機器を用いるか，水準儀（レベル）や経緯儀（トランシットなど）などの相対計測方法と組み合わせて調査を行うことも有効である．　　　　　［椿　涼太］

*本コラムの内容は，平田法隆博士（広島大学大学院工学研究院）に査読していただいた．

1.5　安全への配慮

1.5.1　調査員の心得

　野外調査は，野外の開放感や自然との触れ合いを満喫しながら実施する作業である．多くの場合，複数名で取り組む協働作業になることから，チームワークを育むことができ，調査計画が無事に完了した暁には適度な達成感を得ることができる．ただし，こうした調査の醍醐味を味わうためには，参加する各人が自身の体調管理に責任を持ち，自らを律する自己管理の意識を持つことが望まれる．たとえば，熱中症や寒さ対策，水分補給など，健康管理に万全を期す，各自が自身の技量（フィールドワークスキル）を認識し，それにあった準備する，といった具合である．自身の技量を認識するためには，野外活動の経験，

体力測定の結果（過去ではなく現時点のもの）などを省みるのも 1 つの方法である．

調査に参加する際，指導・監督的立場にある人（リーダー）は単に他の調査員に作業の指示を与えるだけでなく，各人が作業の負荷に不公平感を感じずに達成感を得られるよう調整するのがよい．また，各人の作業状況に目を配りながら危険を察知した際には，迅速かつ適切な対応をとらなければならない．一方，各調査員はリーダーの指示にしたがい，相互にも表情や態度に気を配りながら，協力的な姿勢で作業に加わることが求められる．

1.5.2 調査前の情報収集

調査地は私有地である場合と公有地である場合がある．また，調査地自体は公有地であってもそこに至るまでに私有地を通らなければならない場合がある．一般に河川は公有地であるが，ダムや堰堤などの周辺は水利権を有する土地改良区や電力会社，河川改修などの工事中は施工業者によって占用されているために，部外者の立ち入りが禁じられている場合がある．こうした場合には所有者や占用者の許可が必要である．これらは，調査候補地を下見する際に，併せて確認しておきたい．なお，調査の目的によっては，現地に一時的に計測機器を据え付けて情報収集したり，魚を始めとする生物を採捕したりする必要が生じる．河川区域内に機器を設置する場合には「河川占用許可」（国土交通省），「河川区域内作業届」（愛知県）などの届出が必要になる場合があり，魚を採捕する場合には漁業権者（漁業協同組合など）の許認可，さらに電撃採捕漁具（電気ショッカー）や大型のサデ網など禁止漁具を使用する場合には「特別採捕許可（各都道府県知事が発行）」が必要になる．

調査は一日中屋外で行うため，調査前には対象とする地域の天気予報を確認する．雨天でも調査を行うことは可能であるが，足下が悪くなるため，調査初心者が多い場合は注意が必要である．また，降雨によって河川環境が大きく変化するため，調査を行うにあたって危険を伴う可能性が高くなることにも注意が必要である．とくに夏から秋にかけては，大雨洪水，暴風などの警報が発令されたり，局地的で突発的な悪天候に見舞われたりする場合がある．そのような状況が予想される場合には事前に余裕を持って中止を検討し，調査中に突然

天候が急変するなどした場合には，落ち着いて状況確認しながら作業を中断して，安全を確保すべきである．

1.5.3 想定される事故への対策

事故を避けるためには，どのような事故が起こりうるかを想定して「ヒヤリ・ハット」が起こるのを未然に防いだり，万一事故が起こってしまった場合にもその影響や被害を緩和したりする準備をしておく必要がある．

調査地周辺では多くの場合，人間以外の生物が生息している．また，自然が作り出した地形は，人間にとって移動しにくい場合もある．野外調査の際は，こうした場所に踏み入る可能性があることも覚悟しておかなくてはならない．なお，野生動物との遭遇は愛らしい行動を目にできる機会にもなりうるが，状況によって非常に危険な場合がある．クマ（本州・四国でツキノワグマ，北海道でヒグマ）はいうまでもないが，そのほかにも，イノシシ，ニホンザル，マムシを始めとする毒蛇類にも注意が必要である．遭遇が予想される調査地に入る際には，熊よけ鈴などの準備をしておく．なお，魚類や鳥類の調査などで物音を立てることがはばかられる場合，渓流の轟音でそうした準備が役立たない場合や運悪く偶然に居合わせてしまった場合などに備えて，催涙スプレーなどを用意するのも1つの手段である．ただし，催涙スプレーの携帯，使用に関しては注意が必要であるため，運悪く遭遇してしまった場合には，正対しながら後退りするなど，野生動物を刺激せずに危険を回避することが原則である．虫刺されや切傷などの対策として，毒液・毒針吸引器（ポイズンリムーバー）や救急箱などは必ず調査に持参したい．

水に入って調査を行う場合には股下くらいまでの水深であれば，前記の「持ち物」で述べた胴長靴を着用するのが便利である．ただし，胴長靴を着用して水の中で転ぶと，胴長靴内の空気により下半身が水の上に持ち上げられ，上半身が水の中へ沈む事故が発生する（中本, 1999）．転ばないようにするためには，水中を移動する際に荷物をたくさん持ちすぎない，陸上を歩くときよりも小股で歩く，激しい流れや深い箇所には必要以上に立ち入らない，といったことに注意をする．万が一，そうした事態になったときの被害を軽減するためには，胴長靴を着用する際は腰にしっかりとベルトを巻き，上半身には雨合羽などを

胴長靴の上から羽織るようにするとよい．さらに，救命胴衣（ライフジャケット）を装着していれば，仮に足を滑らせて流されても，救出できる可能性が高くなる．同行者が流された場合に備えて，ロープと浮き具を用意しておくとよい．カヌー用のスローロープはロープ自体が浮力を持っており，ロープの一端を持ちながらロープが収納されているバッグ（スローバッグ）を目標に向けて投じることのできる優れものである．安全対策はどれほど考えてもきりがないが，調査状況を想像してできるかぎりの準備を行う．

1.5.4 不測の事態に対して

　どれほど注意を払っていても事故の発生を 100%防ぐことはできない．事故が発生した場合，できるだけ冷静になり，状況を把握して対処することが必要である．また二次災害にも留意し，直感的な判断に加え，冷静な判断も持ち合わなければならない．非常時に備え，携帯電話やスマートフォンを野外調査に持参するとよい．なお，野外調査の際の安全配慮については，中本（1999），粕谷（2001）の論考を一読されたい．　　　　　　　　　　　［松本嘉孝・田代　喬］

2. 野外調査

2.1 河川地形

　河川地形の測定は，凹凸の空間的配置を把握するだけでなく，複数回の調査結果を比較して河床変動量，すなわち土砂の堆積量と侵食量の収支を明らかにできる．河床の高さの変化から得られる河川勾配（河床勾配）と河床変動量は河川の特徴を表す重要な指標になる．日本では，一級河川において，200 m おきの横断形状が定期的に調査されている．この結果から得られた河床縦断図，地形変動量の経年変化は，治水計画の策定に活用されている．山本（1994）は，河床勾配と河床材料により記述する「セグメント」を用いて，河川の特徴を整理している．

2.1.1 測量器械

　2地点間の高低差を計測する水準儀（レベル，2万円～），水平方向・鉛直方向の角度を計測する経緯儀（セオドライトやトランシット，20万円～），経緯儀に距離を計測する機能を搭載したトータル・ステーション（50万円～）がある．ここでは，安価な水準儀を紹介する．

　水準儀は，水平方向にのみ回転する視準用の望遠鏡を備えており，通常，標尺（スタッフ）を視準する測定者が必要でその視準距離は50 m 程度である．それに対し，回転式レーザーレベル（10万円程度～）では，通常の水準儀の望遠鏡に相当する位置からレーザー（最新型で直径800 m 程度まで到達）を発し，標尺に設置した受光器で感知することにより地盤高を測定できる．この器械は通常のものに比べて少々高価ではあるが，視準する測定者が不要となるだ

けでなく，器械を据え替える頻度を減らせることから，時間と労力を大幅に節減できる．水準儀以外の器械についても，それぞれ測量手法は異なるが，十分な精度を有する地形把握が可能である．経緯儀を用いたスタジア測量の手順については，土木学会（1997）を参照されたい．なお，前述の通り，測量時には測点上に目標となる標尺（スタッフ）を用いるが，回転式レーザーレベルを用いて河川地形を計測する際には，調査者が手元で受光器の設置高さ（機械からの相対地盤高）を確認できる逆目盛と水深などを計測できる正目盛を備えたスライドスケール（「バカボー君（マイゾックス社製）」など）があると便利である．

2.1.2 測量の手順

(1) 水準儀（以下，器械と表記）は，高さの異なる2測点に標尺（スタッフ）を立てて水準儀から標尺の目盛を読むことを基本とする．これにより，水準測量に相当する2地点間の高さの差（比高）を得られる．そして，標高が既知の測点を含めば，比高から全測点の標高が得られる．

(2) 一般に地形の凹凸を測る場合，その地形を縦断（あるいは横断）する測線を設定した後，測線に沿って勾配が変化する点に着目し，各測点の高さと測点間の距離を巻尺やレーザー距離計などで計測する手順を繰り返せば，地形の縦断（あるいは横断）形状が得られる．ただし，測線途中の見通しが利かなかったり，標尺の長さ以上に高低差が大きかったりする場合には，器械の据付場所を変更して何回かに分割して計測しなければならない．これらの手順を図 2.1 に示す．

(3) 標高が既知の基準点を BM（ベンチマーク），通常の測点を通し番号で示し，器械を据え替えた後も同じ基準で計測するために設定する地盤高さを既知の地点 TP1 とした．測定は前視して行うが，基準点と TP1 を測る際には後視も併せて行う．測定値の記録と簡易なデータ処理を行うデータシートには，直接測定した距離，後視，前視で得られた高さを記入した後，器械高から前視を差し引いて（BM 以外の測点における）地盤高を計算して記入する（表 2.1）．器械高は既知の地盤高から後視を差し引いて計算する．測定結果は，変位と地盤高を打点して示す．

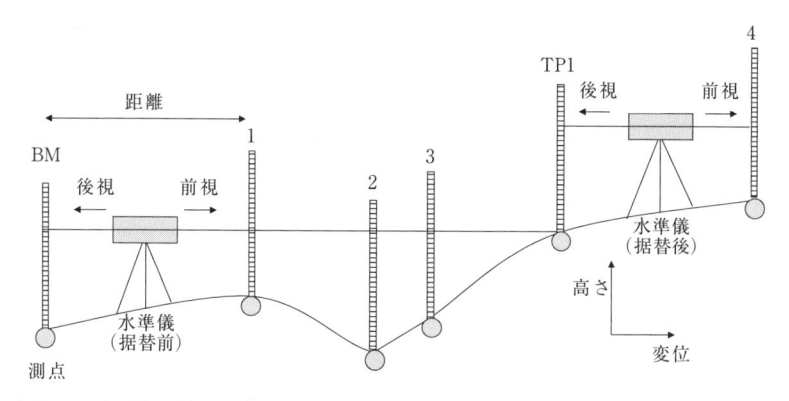

図 2.1 地形を測量する手順．BM：標高が既知の基準点，TP1：地盤高さが既知の地点，1〜4：測点をそれぞれ示す．

表 2.1 現場で用いる測量データシートの事例（単位：m）

測点	距離	変位	後視	前視	器械高	地盤高	備考
BM	0	0	1.123		11.123	10	基準点
1	1.52	1.52		0.521	11.123	10.602	
2	1.12	2.64		1.534	11.123	9.589	
3	0.45	3.09		1.102	11.123	10.021	
TP1	0.93	4.02	1.224	0.021	12.326	11.102	以後器械据替
4	1.47	5.49		0.548	12.326	11.778	

2.1.3 測量計画の設計

2.1.2 項の手順では，ある方向に沿った1つの断面形状が得られる．地形を記述するための測量結果を得るためには，位置を変えながら測量を繰り返し行う．その設計は，研究目的に応じて以下の (1)〜(3) を踏まえて行う．

(1) 瀬・淵構造に代表される流れ方向の地形変化を把握する際には，瀬・淵の連続を複数含むリーチと呼ばれる区間に対して，横断面内の最深点（澪筋）に沿って行う縦断測量を行う．

(2) 特定の構造物や洪水が河川地形の変化に及ぼす影響を追跡する際には，それらを含む複数の断面において，陸域を含む横断測量を行う（2.1.4 項の事例参照）．

(3) 凹凸など地形の平面的分布を得る場合は，任意の流下方向に沿った直線（基準線）を設定する．それに垂直な測線を川幅程度の間隔で複数本設定し，基準線からの変位とともに測量を行う．各測点においては距離，地盤高以外にも，河床の状態（砂礫の粒径・配分，浮き石か沈み石かの状態，堆積有機物の種類・大きさ，腐植が進んでいるかいないかの状態），植物の繁茂，水深，瀬・淵などの流れの状態も合わせて記録し，写真を撮影する．

中村・小出水 (1999) には，平板測量を実施して，地形特性を踏まえた上で，設置すべき横断測量の位置を決める手順が，萱場 (2003) には，蛇行する澪筋や河道に沿って実施した縦断／横断測量を平面的な地図上に重ねるための手順が詳述されている．

2.1.4 事 例

1999 年 10 月と 2000 年 9 月に測定された矢作川中流（河口から 43.8 km および 44.2 km 地点）の河床横断測量の結果を図 2.2 に示す（田代ほか，2002）．1999 年 10 月に測量した箇所を 2000 年 9 月 11 日に発生した東海・恵南豪雨後に再び測量したものであり，洪水による河川地形の変化を分析することができる．図中には，平常時の水位と，洪水時の時間流量における最大値（2430 m^3/秒）時点における水位が併記されている．洪水前と洪水後の河床を比較すると，44.2 km 地点の低水路左岸部などで大きく河岸が侵食され，中央部の砂州には土砂が堆積している．

図 2.2 の横軸に示された横断距離は左岸から右岸に向かっての変位である．この図は上流から見た河川の横断形状で，国土交通省に準拠した形式となっている．一般に河川地形に関する測量結果を表示する際，横断測量については左岸からの変位（横断距離）に対する河床高の変化，縦断測量については下流からの変位（縦断距離）に対する最深河床高（澪筋）の変化として表示する．したがって，縦断測量結果は「右肩上がり」の形状で示され，これを近似する直線の勾配の絶対値が河床勾配に相当する．河床勾配には，山本 (1994) のセグメントごとに算出される平均勾配と瀬や淵などの流路単位ごとに算出される局所勾配があるが，分数で表示されることが多い．たとえば，山地河道の平均勾配や早瀬の局所勾配は 10 分の 1 程度，デルタ地帯の河川の平均勾配や淵の局

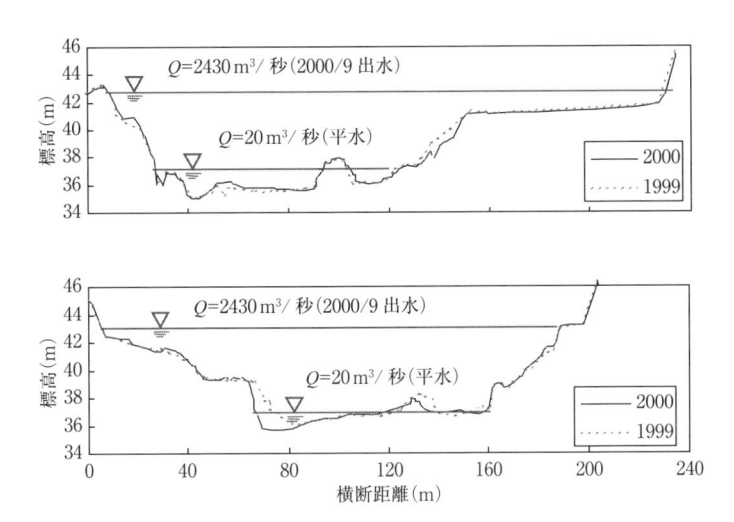

図 2.2 矢作川中流における横断測量結果（上：43.8 km 地点，下：44.2 km 地点）．田代ほか（2002）を改変．

所勾配は 1 万分の 1 程度で示される．　　　　　　　　　　　　　　　　　[田代　喬]

●コラム●　川の表情を読み取る ──「河相(かそう)」という考え方

　上空や展望台から川がつくる地形を俯瞰すると，流路の蛇行，分岐・合流，あるいは，水を集めてくる集水域まで確認できるかもしれない．川の侵食作用が山地に形成する「V字谷」，山地から平地に移行する場所に川が土砂を堆積させながら流れ下った形跡を留める「扇状地」，上流から運搬されてきた土砂が河口付近で海に向かって三角形状に堆積して生じる「三角州（あるいはデルタ）」などはかつての河川の営力が作用した結果として生じた水成地形である．また，より近い河岸から川を眺めると，流れの速いところや遅いところ，砂州の大きさや形，河畔に生えている植物の存在に気づく．そして，川底や川岸に石礫や土砂が堆積したり，あるいは，侵食されたりして地形が変化している様子に気づけば，河川の営力が現在進行形で作用している様子を感じ取ることができよう．「河相」はこうした河川の営力を表す概念である．
　安芸（1951）は，「河相」を「河川のあるがままの状況」と定義し，流水と河床とがつねに影響し合いながら「常に成長しつつある有機体」と考えた．その後，

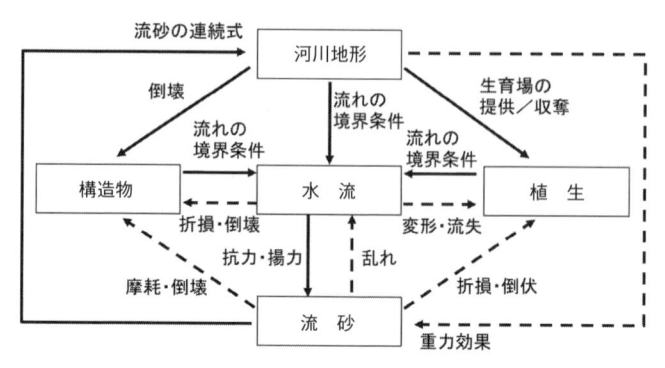

図1 河川における相互作用系「河相」(辻本, 1998を改訂)

辻本(1998)は水流,土砂,植生,構造物と地形とがお互いに影響を及ぼし合う相互作用系として,図1のように「河相」の概念を再記述した.すなわち,植生や構造物は水流を変化させ,ある場所では土砂を堆積させ,別の場所では川岸や川底を侵食する.こうして形成された地形の凹凸は,水深の大小や流速の緩急を生じさせるが,出水というより大きな流体力をもった水流は,植生や構造物を破壊し,地形を大きく変化させることになる.「河相」で表現される川の営みは,俯瞰して初めてわかる水成地形から河道の中のちっぽけな砂礫の配置まで,空間・時間のスケールを超越して幅広く共通する概念である.

[田代 喬]

●コラム● 河床形態と河床型 ── 河川の流れによってできる規則的な地形

河川の物理構造とその動態を明らかにした学問体系の1つに「水理学」が挙げられる.水理学では「河相」における水流・流砂や河床変動の支配方程式がおおよそ理論的に解明され,流量,水位などの境界条件に応じた水流・流砂・河床の挙動が記述されており,これらの物理的な支配法則によって実際の河川においても規則的な地形「河床形態」が生じることが知られている(たとえば,関根,2005;田代,2013).

「河床形態」はその大きさによって2つのグループに分けられる.砂漣,砂堆,反砂堆といった粒径や水深スケールと関連付けられる「小規模河床形態」,単列砂州(交互砂州)や複列砂州といった川幅スケールと関連づけられる「中規模河床形態」である(表1).一般に,こうした河床形態は土砂が活発に輸送

表1 小規模河床形態・中規模河床形態の種類とその概念（土木学会水理委員会移動床流れの抵抗と河床形状研究小委員会（1973）を改変）

名称		形状・流れのパターン		移動方向	備考
		縦断図	平面図		
小規模河床形態	砂漣			下流	波長，波高が砂の粒径と関係する
	砂堆			下流	波長，波高が水深と関係する
	遷移河床				砂漣，砂堆，平坦河床が混在する
	平坦河床				
	反砂堆			上流 停止 下流	水面波と強い相互干渉作用を持つ
中規模河床形態	砂州				波長が水路幅と関係する
	交互砂州			下流	
	うろこ状砂州			下流	

される洪水時において形成される．したがって，洪水が作用した後に精度よく調査された河川地形からは，これらの河床形態を見出せる場合が多い（図1）．

ところで，地形を調べる際に水流に関する情報を記録できれば，瀬や淵といった「流路単位」の分布までが明らかになる．日本では，白波を立てて流れる「早瀬」，波立たずにやや緩やかに流れる「平瀬」，流れは緩やかで深い「淵」に加え，大きな淵の下流でやや浅く流れがきわめて緩やかな「瀞（とろ）」といった流路単位が知られている（萱場，2013）．河川に生息する多くの生物は，水中のさまざまな環境に適応して棲み分けていることから，調査者はこうした河川の特徴にも注

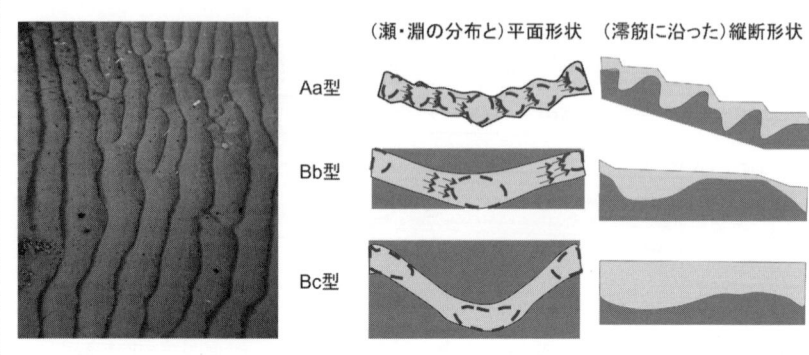

図1 洪水により高水敷上に生じた砂漣（2004年10月11日，木曽川中流で撮影）

図2 可児（1944）による「河床型」の概念図（水野・御勢（1992）による図を改変）

意を払わなければならない．各流路単位の定量的特性には未解明の部分があるため，その分布を調査対象とする場合を除いて直接計測することは困難だが，そうした場合にも以下の「河床型（可児，1944）」を参考に観察するとよい．

戦前に水生昆虫の生態を研究した可児藤吉は，川の一蛇行区間（リーチ）における早瀬と淵に着目し，河川を上から見た特徴（平面形状）と流れ方向の河床高さの分布（縦断形状）から「河床型」という概念を見出し，河川の特徴を整理した（可児，1944）．すなわち，平面形状では，渓流に多い瀬と淵が短区間に交互に存在するA型（ステッププールリーチ（萱場，2013）に相当），中・下流域に多いリーチ内に一対の瀬（早瀬・平瀬）と淵をもつB型を，縦断形状では，白波を立てて滝のように流れ込むa型，滑らかに流れ込みながら波立っているb型，波立たないc型を区別した．この2種類の区分を組み合わせることにより，Aa型，Bb型，Bc型といった類型が考案された（図2参照）．2つの典型的な河川形態の間には，中間的な型が認められることも多く，明確に分類できない中間型は移行型とされているが，河川の特徴を端的に捉えやすい方法である．

［田代　喬］

2.2 河床材料

　河床材料は底質とも称され，河床に堆積した砂，礫や石（材料）のことを指す言葉である．河床材料は流れに対して物理的な抵抗（粗度）として作用するため，材料のサイズ（粒径）が大きい場合には流速を全体的に低減させるほか，周辺の流れ場や物理環境を多様化させている．サイズの小さな砂や砂利は水流によって運搬されやすいが，洪水時には大きな礫や石まで運ばれることがあり，さまざまな規則性をもつ河床地形が形成される．河床地形を形成する河床材料の構成は，生物生息基盤として重要である．たとえば，魚は，石礫の間隙に一時的に退避したり，柔らかく堆積した砂礫床に半身を埋めて産卵したりするなど，河川の生物はさまざまな形態で河床材料を利用している．河床材料を調査，計測することは，治水・安全上の観点から流れ場を把握するだけでなく，河川に生息する生物の生息場所を理解し，生態系を保全する上でも非常に重要である（国土交通省水管理・国土保全局，2012）．

　河床材料調査の主要な目的は粒度分布を得ることであるが，定量的な結果を得るためには線格子法，面格子法によって多数の材料の粒径を測ったり，現場で採取した材料を持ち帰ってふるい分け試験（JIS A 1102 および A 1204）を実施したりすることが必要になる（コラム参照）．ここでは，現場で河床を乱すことなく簡便に粒度分布を調べる方法をその手順とともに紹介する．

2.2.1 調査器材

　調査範囲を区別できる方形枠（内寸が1辺50 cm または 25 cm のもの）を用意する．この方形枠（コドラートともいう）は，アングルなどで自作したものを河床に直接置くのが一般的であるが，水中を調査する場合，覗き窓（アクリル板）を備えた箱メガネを自作して水面から調査範囲を覗き込む方式も便利である（図 2.3）．底生動物調査などを合わせて行う際は，サーバーネットに付属の金属枠を使用するのもよい．なお，粒度分布は各分類（表 2.2）の被覆面積（被度）を百分率によって記録するため，慣れるまでは粒径サイズを参照できるスケールが必要になる．方形枠や箱メガネの枠に直接目盛を書き込むか，方形枠

図 2.3 自作した箱メガネ（1 辺 25 cm）で覗き込んだ河床の様子

表 2.2 粒径による河床材料の分類．Cummins (1962)，国土交通省水管理・国土保全局 (2012) を参考に作成．

名称	粒径範囲
巨 礫	256 mm 以上
大 礫	64〜256 mm
中 礫	16〜64 mm
小 礫	2〜16 mm
砂	0.062〜2 mm
シルト	0.004〜0.062 mm
粘 土	0.004 mm 以下

に沿って測れる曲尺（かねじゃく）や折れ尺を併用すると便利である．

2.2.2 調査手順

(1) 調査箇所を決定する．河床材料は上流の山地域から産出される土砂の性質と供給量，流路の勾配や流程によって変化するほか，瀬や淵といった平時の流れの状態によっても大きく異なる．このため，その選定は調査の目的に沿うように注意する．

(2) 調査箇所に方形枠を設置する．そこに存在する最大級の材料が収まる大きさを目安として，1 辺が 50 cm，あるいは，25 cm のものを選択する．

(3) （水中の場合には，箱メガネを使って）方形枠内の粒度分布を目視で観察し（図 2.3 参照），表 2.2 の分類にしたがって，それぞれの被度百分率を記録する．なお，実用上は砂より細かい材料は区分しないことが多い．

2.2.3 事例

岐阜県恵那市の阿木川では，1990 年に阿木川ダム（堤高 101.5 m，流域面積 81.8 km^2）が建設された．この阿木川ではダム下流域の環境改善のために，2005 年からダム下流への試験的な土砂還元が実施されてきた．田代ほか (2014) は，阿木川ダム上下流とその支流である飯沼川の 5 地点の平瀬において，ダム

建設後20年を経て生じた下流の河床環境の変化が生態系に及ぼす影響を考察した．表2.3には，各地点において調査された河床材料の粒度分布に関する結果を示す．

表 2.3 阿木川ダムの上下流と下流に流入する支流における河床材料の粒度分布（田代ほか，2014を改変）
英小文字は Tukey-Kramer の事後検定の結果を表し，同じアルファベット間では有意差がないことを示している．

粒度クラス	調査地				
	阿木川ダム上流 St. 1 ($N=12$)	阿木川ダム直下 St. 2 ($N=12$)	土砂還元後 St. 3 ($N=12$)	支流合流後 St. 4 ($N=12$)	支流（飯沼川） St. 5 ($N=12$)
巨礫（％）	3.0 ± 1.5^a	3.9 ± 2.6^a	13.3 ± 4.0^b	0 ± 0^a	0 ± 0^a
大礫（％）	41.0 ± 6.1	60.6 ± 6.9	43.3 ± 6.8	52.5 ± 3.3	43.8 ± 4.0
中礫（％）	28.0 ± 3.6	23.3 ± 5.3	18.3 ± 1.9	29.2 ± 1.7	0.0 ± 4.2
小礫（％）	13.0 ± 2.1^a	11.7 ± 2.4^a	15.2 ± 2.4^{ab}	12.6 ± 2.2^a	22.9 ± 3.0^b
砂（％）	15.0 ± 2.5^a	1.7 ± 1.2^b	9.8 ± 2.6^a	5.8 ± 1.0^{ab}	13.3 ± 1.6^a

調査地点間の各粒度の被度を一元配置分散分析と事後検定により比較したところ，とくに粒径の小さな小礫と砂の被度において有意な差が確認された．小礫は支流の St. 5 と土砂還元後の St. 3 で多く，砂はダム直下の St. 2 で少なかった．これらの結果から，阿木川ダムにより失われた土砂の連続性がダム直下の St. 2 における砂分の減少という形で顕在化し，アーマーコート化（辻本，1999）が生じている様子が確認された．試験的な土砂還元の効果は，その直下流の St. 3 における小礫・砂成分の増加という形で部分的に現れたが，細粒分が豊富な支流の合流後の St. 4 においても砂分はやや減少したことから，その効果は限定的であったと推察された． ［田代　喬］

●コラム●　河床材料の粒度分布 ── 粒径加積曲線

　河床材料の粒度分布は，河床表層の状態を計測する方法（表面法），ある程度の深さ（最大粒径程度とされることが多い）までの河床材料を採取して計測する方法（容積法）によって得られる．表面法では面格子法，線格子法，表面採取法，容積法ではふるい分け試験（JIS A 1102 および A 1204）が適用される（建

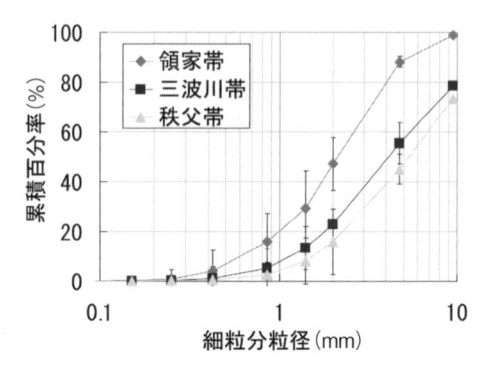

図1 三重県内の4水系12河川の淵に堆積した河床材料の粒径加積曲線(田代ほか,2007).容積法の結果を3つの地質区分ごとに整理し,図中のプロットは平均値,エラーバーは標準偏差を示す.

設省河川局監修・社団法人日本河川協会編集,1997).粒径加積曲線は河床材料の粒度分布に関する代表的な結果であり,横軸に対数軸で粒径を,縦軸にその粒径までの累積百分率をとって表示される(図1).この縦軸の累積百分率は,表面法では粒径クラスごとの個数百分率,容積法では粒径クラスごとの質量百分率をもとに計算される.

粒径加積曲線において,とくに累積質量百分率(p)に対応する粒径はp%粒径(dp)と呼ばれ,$d_{10}, d_{16}, d_{25}, d_{30}, d_{50}$(中央粒径),$d_{60}, d_{75}, d_{84}$などが代表的である.これら相互の関係は,均等係数($U_c = d_{60}/d_{10}$),曲率係数($U_c' = d_{30}^2/d_{10}d_{60}$),ふるい分け係数($S_0 = (d_{75}/d_{25})^{1/2}$),標準偏差($\sigma_\phi = (d_{84}/d_{16})^{1/2}$)として指標化されており,均等係数,ふるい分け係数,標準偏差は粒径加積曲線の傾きを,曲率係数は粒径加積曲線のなだらかさを表す(中川・辻本,1986;地盤工学会,2001).図1は,構成地質による影響が大きい山地河川の河床材料の粒度分布を示したものであるが,花崗岩などの深成岩からなる領家帯(内帯)に対し,結晶片岩などの変成岩からなる三波川帯,堆積岩からなる秩父帯(いずれも外帯)では中央粒径が相対的に大きいことを示している(田代ほか,2007).

表1は,木曽川の河口から16km地点において採取された河床材料について,上記の粒度分布に関する指標値を,強熱減量(2.2節参照)と細粒分率(75μm未満の粒径が占める質量百分率)とともに,特徴的な景観ごとに表示したものである(田代ほか,2010).この調査地は潮汐(干満)の影響を受ける感潮域に位置し,水位が変動することから,調査地点の標高(あるいは比高)によって

表1 木曽川16km地点における河床材料の粒度分布の特徴(田代ほか(2010)を改変).ただし,表中の数値は平均値と標準偏差(±),同列において異符号間には有意差があることを示す(大文字:$P<0.01$,小文字:$P<0.05$,Sheffe's F test).

	澪筋(流芯部)	水辺域	止水域	湿地域
中央粒径 (mm)	0.45±0.08[Aa]	0.36±0.10[ABab]	0.33±0.06[ABbc]	0.20±0.03[Bc]
均等係数	1.84±0.86[Bab]	3.25±1.41[ABb]	5.48±2.24[Aa]	3.41±0.62[ABab]
曲率係数	0.99±0.15[ab]	1.01±0.23[ab]	1.56±0.94[a]	0.68±0.16[b]
ふるい分け係数	1.37±0.22[b]	1.40±0.19[ab]	1.67±0.26[ab]	1.77±0.22[a]
標準偏差	1.46±0.10[Bb]	2.01±0.53[ABa]	2.32±0.38[Aab]	2.19±0.18[Aab]
強熱減量 (%)	1.04±0.39[Bb]	2.82±1.80[ABa]	3.88±1.13[Aab]	3.76±0.99[Aab]
細粒分率 (%)	1.13±1.46[Bab]	3.99±3.97[ABb]	10.02±4.03[Aa]	10.09±4.83[Aab]
冠水率	0.89±0.08[a]	0.88±0.18[ab]	0.89±0.07[ab]	0.71±0.15[b]

変化する冠水率(0〜1)が併せて示されている.表より,水辺域では標準偏差,強熱減量において,感潮わんど特有の止水域では細粒分率,中央粒径,均等係数,標準偏差,強熱減量において,さらに,冠水頻度の有意に小さい湿地域では細粒分率,中央粒径,ふるい分け係数,標準偏差,強熱減量において,澪筋と比較すると有意に小さい結果となった.これらの調査地においては横断方向の分級作用が生じた結果,比高(冠水率)に応じた粒度分布と有機物の堆積量に変化をもたらしたものと考えられる.田代ほか(2010)は,ヤマトシジミ(*Corbicula japonica*)を初めとする河川感潮域の底生動物において,各景観の特徴に対応したな群集構造が成立することを明らかにした. [田代 喬]

●コラム● 河川地形と河床材料の関係──「河床のアーマーコート化」を例に

「河床のアーマーコート化(粗粒化)」は,河床を構成する材料のうち細粒成分が流水によって運び去られ,河床表面が粗い礫質の構成材料による層で覆われる現象である(高橋ほか,2008).この過程で生じる河床表面の粗粒な層は「アーマーコート」と呼ばれ,いったん形成されると鎧のように頑丈で破壊されにくいことが知られている.水流が変化した場合や上流から運ばれてくる砂礫や土砂が減少した場合に河床低下(侵食)を伴って生じることが多いため,ダム下流の河床などで良く見られる現象である.矢作川中流(豊田市平成記念橋付近)は,アーマーコート化が顕在化している地点としても知られている(北村ほか,2001).図1には,当該地点における河床材料の粒度分布の経年変化を粒径加積曲線で示した.1971年に建設された矢作ダム(河口から約80km地点),1980年代まで骨材利用を目的として盛んに行われてきた川砂採取により,急激な粗

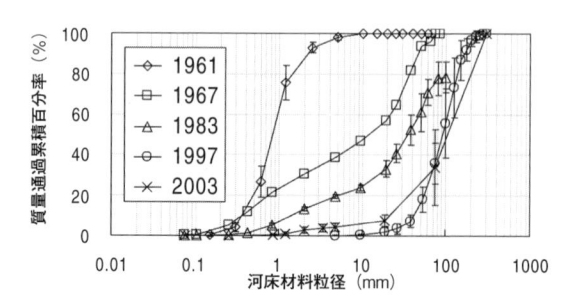

図1 矢作川中流（河口から42km地点，豊田市平成記念橋付近）における河床材料粒度分布の経年変化（田代，2004を改変）

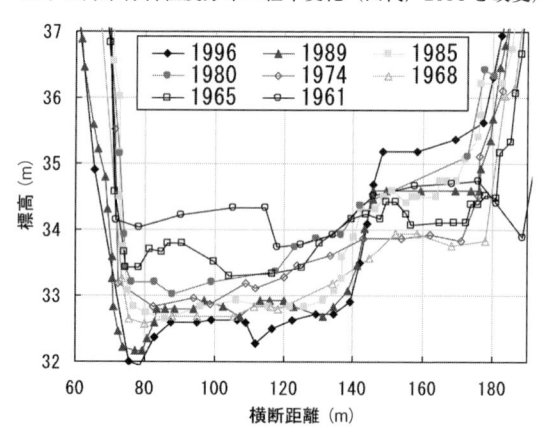

図2 矢作川中流（河口から42km地点，豊田市平成記念橋付近）における河床横断面形状の経年変化（田代，2004）

粒化が進行したものと考えられる．図2には，当該地点の低水路内における河床横断形状の経年変化を示した．河床材料の粗粒化に伴って，河床は低下傾向（最大で約2m）を示すとともに，比高も増大傾向（最大で約3m）を示した．これはダムの洪水調節によって洪水時の流量が減少し，低水路に流れが集中したことによって最深河床の低下と流路の縮小を引き起こしたものと考えられている．

最後に，河川地形と河床材料の相互作用に欠かせない流砂について，その運動形態による分類（掃流砂，浮遊砂，ウォッシュロード）を紹介する．これらの挙動や推定式については水理学の分野を中心にそれぞれに様々な成果が挙げられている（関根，2005；中川・辻本，1986）．

- 掃流砂： 河床由来の粗粒成分で河床と間断なく接触を繰り返しながら運搬される．
- 浮遊砂： 河床由来の細粒成分で水中に取り込まれて浮遊状態で運搬される．
- ウォッシュロード： 河岸や崩壊地から供給される微細粒成分でほとんど河床に落着くことなく運搬される． ［田代　喬］

2.3　流速と流量

　河川は，干潮域を除けば，つねに一方向の流れが存在する環境である．したがって，流速および流量は河川環境の仕組みを記述するために重要な指標となる．図 2.4 は，矢作川中流の流心で測定された流速の季節変化である．流速が，大よそ表層から底層に向かって減衰する傾向が観察される．

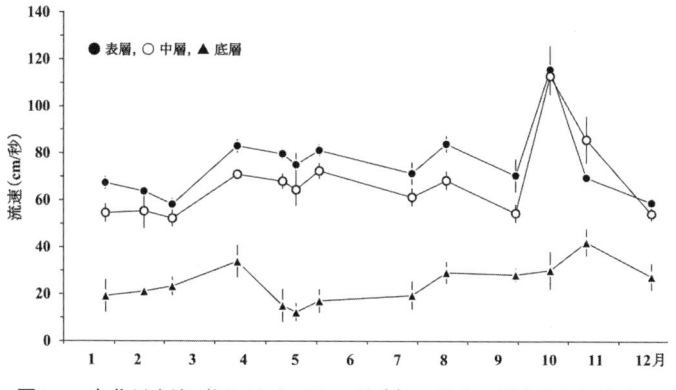

図 2.4　矢作川中流（河口から 42km 地点）の流心で測定された流速の季節変化（2003 年，野崎，未発表）

　河川では，水深や流速が場所によって異なるため，川幅のみで河川の規模を表すことはできない．そこで，河川の規模を表すにあたって，河川の横断面を単位時間に通過する水の量（流量）が重要な指標となる．一方で，河川の流量は渇水から大洪水まで大きく変化するため，どのような条件での流量かという点に留意する必要がある．一般に，河川の平常時に計測者が直接立ち入って行う流量観測を低水流量観測と呼び，洪水時を対象として，計測者が直接立ち入

らずに行う流量観測を高水流量観測と呼ぶ．

　流速の計測は，計測点における一方向（一次元）の流速（主流速）の瞬間値を求めるのが一般的であるが，直交する二方向（一般には河川の縦断方向と横断方向の平面2次元），あるいは三方向（縦断・横断に加えて鉛直方向の3次元）の流速を計測できる機器も市販されている．最近では画像解析の技術を駆使したPIV（particle image velocimetry）法による流れの可視化と流速分布の計測（コラム参照）や，さらに水中に超音波を発信して，ドップラー変調を受けた反射音の周波数を解析することにより，河道断面内の3次元の流速分布を測定する，超音波ドップラー流速分布計ADCP（acoustic doppler current profilers）などの技術が開発・普及してきている（たとえば武藤，2004）．

　ここでは，源流域から中流域の水深が背丈よりも浅い河川を対象とし，一次元流速計を用いた低水流量観測の方法を紹介する．この場合に用いる流速計としては，回転式流速計，電磁流速計がある．

2.3.1　調査機材および手順
器　具

　巻尺（30～50m），回転式流速計（コスモ理研 CR-7WP など）または電磁流速計（ケネック VE-20 など），折れ尺（1m）またはスライドスケール（マイゾックス社バカボー君 2m または 3m）

手　順

　流量は，河川の断面積を1秒間に通過する水量として計算する．測定項目は，①川幅（単位 m もしくは cm），②水深（cm），③流速（cm/秒）である（図2.5）．
1)　巻尺を用いて川幅を測定する．
2)　水深の測定には折れ尺またはスライドスケールを用いる．流速が速い地点，水深が1m以上の地点では，竹の棒を用いるなど工夫して測定する．川の横断面が描けるように，水深は川幅に応じて間隔（たとえば1m間隔，10cm間隔など）をあけて測定する（少なくとも5地点以上）．通常，岸の両端では水深は0cmとなるが，岩があったり，急勾配な護岸が設置されていたり，ある程度の深さがある場合には水深を測定する．
3)　流速の測定は，水深を測定した地点の中間で行う．たとえば川幅が10.5m

2.3 流速と流量

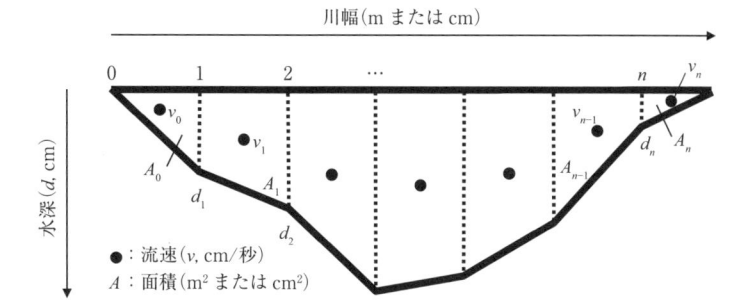

図2.5 河川の横断面の模式図

の河川では，水深を岸から1，2，3，…，9，10 m の地点で測定した場合，流速は岸から0.5，1.5，2.5，…，9.5，10.25 m の地点で測定する．流速は，その地点のおよそ中間の深さのところで流速が最大となるような方向に向けて測定する．流速の測定値はばらつきやすいので，同じ地点で3回測定を行い，その平均値を用いるとよい（大きくばらつく場合は，5回測定して，そのうちの最大値と最小値を除いた3つの値で平均値をとる）．

流量の計算

1) 河川の横断面は，水深を測定した地点で分割した分断面積として求める（図2.5 の A_0, A_1, …, A_{n-1}, A_n）．
2) 分断面積は，台形もしくは三角形として面積を計算する．
3) 流量は，分断面積(A_i) × その地点の流速(v_i) によって求める．
4) 河川の横断面を流れる総流量 Q を以下の式から求める．

$$Q = \sum_{i=0}^{n} A_i v_i = A_0 v_0 + A_1 v_1 + A_2 v_2 + \cdots + A_{n-1} v_{n-1} + A_n v_n$$

5) 総流量を「t(m³)/秒」で算出する．規模の小さな河川の場合，単位を「L/秒」で表すこともある．注意点は，単位を m もしくは cm のどちらかに統一してから計算することである．総流量は，1秒間にお風呂の浴槽何杯分とか2Lペットボトル何個分が流れていると換算すると，どれくらいの水が流れているか想像しやすい．

流速の測定高さについては，水理学の理論では，6割水深点の流速が，水深

川幅（m）

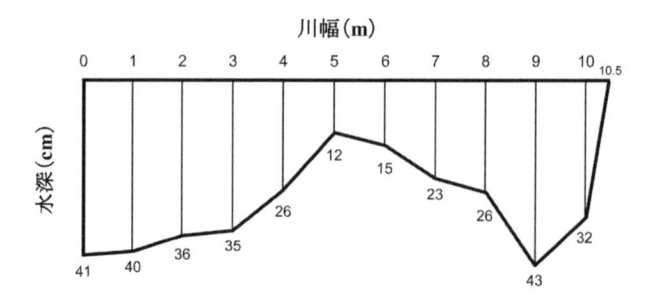

図 2.6 木曽川水系の黒川の調査地点の断面図（2012年8月28日観測）

表 2.4 流量を算出するための表．単位換算（1,000 cm^3＝1L, 1,000L＝1m^3＝1t）から，黒川の総流量 Q は 0.91 t/秒と計算される．

距離 i (m)	水深 (cm)	分断面積 A (cm^2)	平均流速 v (cm/秒)	$A\times v$ (cm^3/秒)
0	41	4,050	46.3	187,515
1	40	3,800	51.0	193,927
2	36	3,550	45.5	161,525
3	35	3,050	31.6	96,380
4	26	1,900	23.4	44,397
5	12	1,350	10.5	14,130
6	15	1,900	10.9	20,647
7	23	2,450	19.7	48,347
8	26	3,450	8.9	30,590
9	43	3,750	25.8	96,750
10	32	800	22.2	17,787
合計				911,993

方向の流速分布における平均値（水深平均流速）と等しくなることが知られている（たとえば，田代，2013）．この 6 割水深点は，水面から測って水深の 60％地点の高さのことである．たとえば，水深 30 cm の地点では水面から 18 cm の深さを指す．なお，現場での作業に際し，6 割水深での流速は水深を測定した地点で計測すると効果的である．

実際に流量を求めた木曽川水系の黒川の例を図 2.6，表 2.4 に示す．

［加藤元海］

●コラム● 自分で測定した流量を公式な値と比較してみる
── 豊川上流での検証

　豊川上流の愛知県設楽町清崎には，国土交通省設楽ダム工事事務所による流量観測所が設置され，国道257号線沿いの電光掲示板で（箱上橋の横），水位（m），流量（m^3/秒），水温（℃）を知ることができる．そこで本書で紹介した流量の測定方法の妥当性を検証するために，2010年1月〜2011年4月に月1回の頻度で測定を行い，国土交通省の値と比較してみた（図1）．両者はきわめてよく一致し本書の方法は，十分に実用に耐えうると判断できる． 　　　［野崎健太郎］

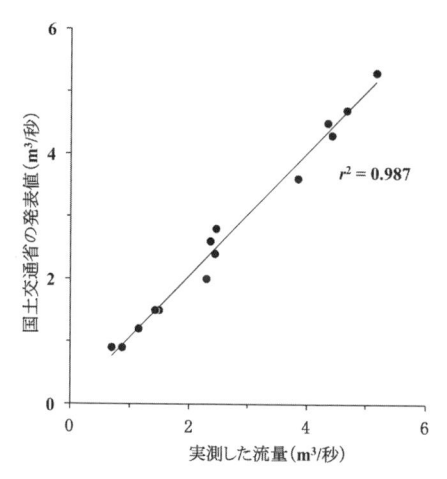

図1　豊川上流（愛知県設楽町清崎）における本書の方法で実測した流量と国土交通省設楽ダム工事事務所が測定している流量との関係（野崎，未発表）．

●コラム● 流れの可視化 ── 流速・流量計測の実際

　可視化計測法は，記録時間の異なる複数の画像（いわゆるビデオ画像）を利用して，非接触で流体運動の速度分布を算定する手法である（椿，2013）．もともとは，室内実験で発達した技術であり，代表的なものに，流体運動を見えるようにするためにトレーサー粒子を用いる Particle Image Velocimetry (PIV) 法がある（小林，2000）．他の計測では得られない流速の面的なデータを非接触で取得できる方法として，河川で実施されてきた．デジタルビデオカメラを用いた表面流速分布を計測する方法に Large-scale PIV (LSPIV) 法があり，実験

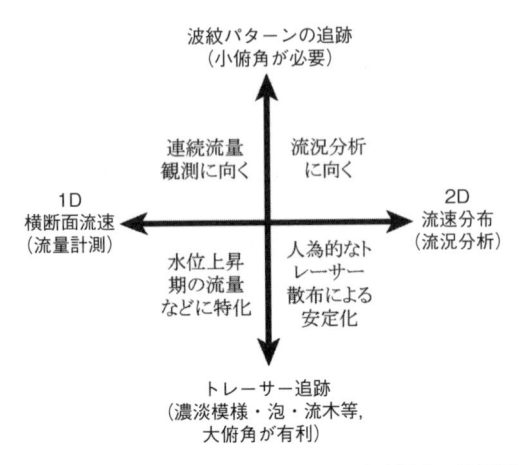

図 1 流れの可視化計測の実施目的と追跡対象の分類図

水路や河川流などの計測方法として広く利用されている．

　流速分布ではなく，河川流量の算定を目的とした可視化計測が実施される場合もある．このような場面では，横断測量断面に沿った流下方向成分が得られればよく，その目的に特化した Space-time Image Velocimetry (STIV) 法なども開発されている (Fujita et al., 2007).

　ひとくくりに流れの可視化計測といっても，目的や追跡対象により適した解析技術や撮影方法などの相違があり，その点を踏まえて計測計画を立てる．横軸に計測目的を，縦軸に追跡対象を取り区分すると図1のように整理できる（椿，2013）．波紋パターンとは，水面勾配の乱れが，水面での反射や屈折を通して可視的に確認できるものであり，どちらかといえば川幅 10 m 以上の緩勾配の河川の出水時に確認できるものである．波紋パターンの明瞭さは，反射を通して部分的に映り込む対岸や空の景色が大きな影響を与え，これに関連して撮影俯角はある程度小さい必要がある．

　泡などをトレーサーとして用いる場合には，水面の反射，とくに対岸の映りこみはむしろノイズとなる．さらに空間分解能の均一化という観点からもある程度大きな俯角からの撮影が有利である．トレーサーとしては生分解性のものが望ましく，発泡させた炭水化物（緩衝材や煎餅など），植物片（落ち葉など）などが利用される．トレーサーを川面全体に均一に散布できれば面的な情報が得られるが，着目している部分が限定される場合は，その上流から散布すればよい（図2）．ビデオの撮影は，三脚を用いて行い，撮影地点の地面には印を付

図 2 中規模出水時のトレーサー散布による計測例．鉄塔から撮影しており俯角が大きく水面が広く観察できる（丸で標定点の位置を示す）．

図 3 大洪水時の波紋の計測例．堤防上から撮影しており俯角が小さく水面が縦方向に圧縮されているが，水面の波紋がよく観察できる（丸で標定点の位置を示す）．

けておき，地面からカメラの高さを記録しておくとよい．次に撮影された画像の中で，特徴的な固定点を少なくとも4点ほど，できれば6点以上選び出し，その固定点の位置とカメラの位置を測量する（図3）．測量された特徴点を標定点と呼ぶ．よい特徴点がない場合は撮影範囲に入る位置にパネルなどを設置して，これを標定点として利用する．標定点の位置，カメラの位置，撮影画像中の標定点の配置から，画像の撮影範囲を逆算し，画像に移っている水面の実座標を算定することで，川面のどこでどのくらいの流速があるかを画像解析により計算する．

実際にLSPIV解析を行う際には，ほぼ真上から撮影され，ある程度一様にトレーサーが散布されている場合には，一般的なPIVツールを使うことができる（フリーソフト：MatPIV, PIVMat, mpiv, OpenPIV, PIV Sleuth，商用ソフト：FlowManager, DaVis,）．LSPIVに特化したソフト（Fudaa-LSPIVなど）もあ

る（Kantoush and Schleiss, 2009）．

［椿　涼太］

2.4　水　　　温

　生物は，生命を維持するために，呼吸によって栄養物質を体内で酸化分解して必要な熱量（エネルギー）を得ている．この代謝過程で中心的役割を果たす酵素は，温度によって反応速度が変化する．したがって，温度は生物の活動，そして分布を決定する重要な環境要因の1つである．

器　具

　安価なアルコール棒状温度計（−5～105℃）を用いることが多い．水温は変化するので，測定した時間を必ず野帳に記録する．安価な温度計は誤差が1～2℃となることが多いので，より精度の高い標準温度計と比較し，その差を記録し補正を行うとよい．

手　順

　河川上流～中流は，流れにより攪拌され，地点による水温の違いは少ない．一方もっとも岸よりの場所は，流れも緩く気温の影響を受けやすいため，水温の測定には不向きである．したがって，少し立ちこんで流れのある場所に温度計を浸す．そのまま2～3分程度浸し，値が落ち着いた時点で水に浸したまま値を読み取る．なお，紛失を防ぐために，温度計に蛍光色の赤や黄色のテープやリボンを付けておくとよい．河川下流は，流れが緩く水深が増すために，同じ場所でも岸辺，流心，表面，底では水温が異なる．研究目的に合わせて複数の地点で水温を測定する必要がある．

　図2.7は，愛知県西三河を流れる矢作川中流（豊田市扶桑町，河口から42km地点）と愛知県日進市岩崎町竹の山の湧水で測定した水温の季節変化である．矢作川の水温は，4～24℃の幅で変動し，湧水に比べ，大きな季節変化を示した．これは地表面を流れる河川水は太陽光の熱輻射の影響をただちに受けるためである．一方，湧水は11～19℃の幅で変動した．これは，地中から湧き出るため，太陽光の影響を受けにくいことが理由である．「（地下水・湧水

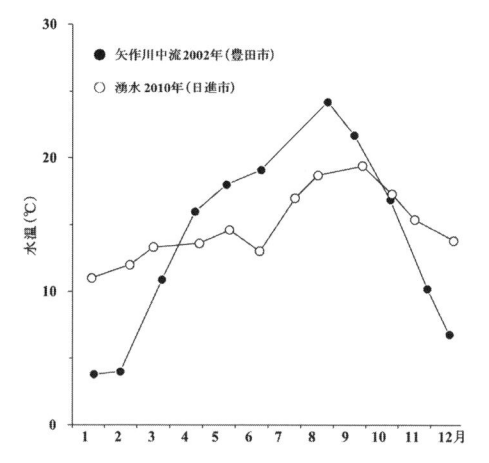

図 2.7 矢作川中流（愛知県豊田市，河口から 42 km 地点：野崎・志村，2013）と湧水（愛知県日進市岩崎町竹の山：野崎・各務，2014）で測定した水温の季節変化．測定時刻は 10 時 30 分～13 時の間である．

を用いた）井戸水は冬暖かく，夏冷たい」といわれるが，この結果はまさに，それを示している． ［野崎健太郎］

2.5 透明度と光環境

　光は，水域の一次生産者である藻類，水草の光合成に必須であり，その量と質は有機物生産，そして生態系の構造に大きな影響を与える．たとえば，河川上流域では，河畔林が川面を遮光するため，基礎生産者が繁茂できず，森林から供給される落葉が生態系を支えている．また下流域では水中に細かな粒子（懸濁物質）が増え，濁りが増すため，やはり遮光によって河床の付着藻の光合成が制限される．このように対象とする水域の光環境を知ることは，その生態系の仕組みを理解する大きな手掛かりを得ることになる．

2.5.1 透視度
器具
　図 2.8 に示した透視度計を用いて測定する．濁った河川では 50 cm，透明な河川では 100 cm の長さのものが使われる．自作してもよい（村上，2010）.

手　順

アクリルまたはガラスの筒に水を一杯まで入れ，筒の底に記された黒い十字の標識板を上から目視しながら，下から水を抜いていく．はっきりと十字がみえたら水を止め，その高さを読み取り透視度とする（単位 cm）．同じ試料で3～4回繰り返し測定すると精度が高まる．この手法の欠点は，多くの川では水の濁りが少ないため，100 cm の透視度計でも測定できない点である．

図 2.9 は，愛知県が測定した県内の主要河川の透視度の季節変化（2009 年）である．湖沼である油ヶ淵，人間活動の影響が大きい庄内川下流（枇杷島橋）では，通年に渡って測定ができているが，矢作川下流（米津大橋），木曽川下流（木曽川大橋），豊川下流（吉田大橋）では，ほとんどの観測日で 100 cm 以上を記録し，透視度からは，濁りが少ない河川であるという以上の情報を得ることができない．

2.5.2　透　明　度

器　具

図 2.10 に示した直径 25～30 cm の白い円盤（セッキ板）

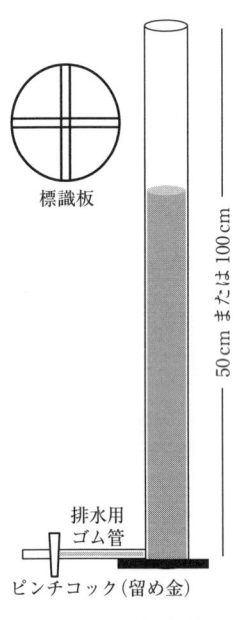

図 2.8　透視度計

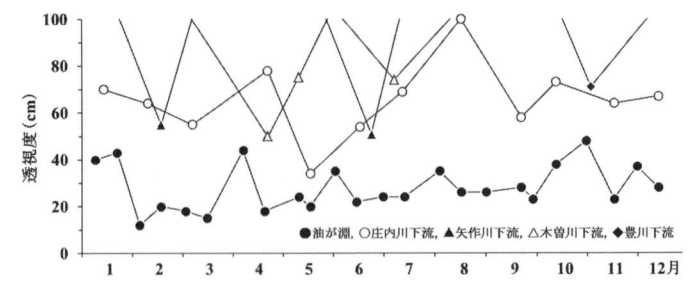

図 2.9　油ヶ淵，庄内川下流（枇杷島橋），矢作川下流（米津大橋），木曽川下流（木曽川大橋），豊川下流（吉田大橋）における透視度の季節変化 2009 年 1 月～12 月（あいちの環境 web site に掲載されている資料より作図）．

手　順

　セッキ板を鉛直方向に沈め，それがみえなくなる深さを透明度とする（単位m）．透視度とは異なり，止水域である湖沼，海域の環境調査で用いられる．流れがある環境では測定が難しく，河川での利用には向かない．また，濁りの強い水域以外では，測定には，一定の水深が必要であり，ため池などで測定する場合は，ゴムボートが必要となり装備が大掛かりになってしまう．

2.5.3　水中光の消散係数

器　具

　水中照度計（lux meter：単位 lx），光量子計（quantum meter：単位 μmol/m^2/秒）を用いて水中の光を鉛直方向に実測し，その減衰傾向の大小から光環境を明らかにする．照度計，光量子計の受光部には，上部からの光のみを測定する平面型，反射光も含めて測定できる球形型があり，実測値は受光部の形態によって異なる．たとえば，光は水面から水面直下で大きく減衰するが，その割合は，受光部の形状で大きく異なる．筆者の測定事例では，平面型で測定された場合，琵琶湖北湖沿岸部（滋賀県近江八幡市）で24±7％（平均値±標準偏差，測定回数112），矢作川中流域（愛知県豊田市）で20±8％（回数27）

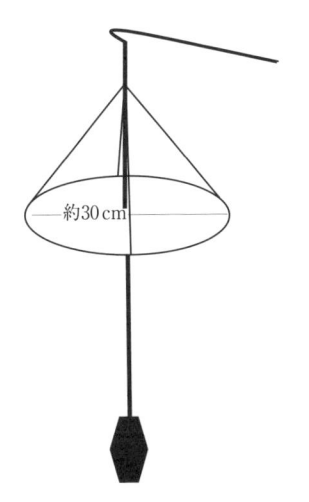

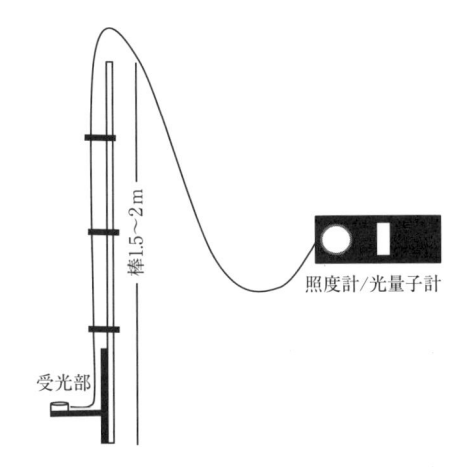

図 2.10　透明度板（セッキ板）　　**図 2.11**　河川で水中光を測定する場合の工夫

であり，およそ20％の減衰であった．一方，球形型で測定された場合，琵琶湖北湖沖帯（70m湖盆）では，58±7％（回数8）であり，およそ60％の光が水面から直下で失われることになる．

手　順

1) 水深1m程度の所まで立ちこみ，水上の光強度を測定する．
2) 水面直下（水深1～2cm）の光強度を測定する
3) 鉛直方向20～30cmごとに光強度を測定する．以上を3～5回繰り返す．

　河川で水中光を実測する場合には，流れに対して鉛直方向に沈めるため，図2.11に示すように竹の棒などにくくりつけると便利である．曇りの日，雲がない晴天日が測定には好条件である．また，真夏の南中時は光が強く，照度計，光量子計の測定限界を超える場合がある．その時は受光部に黒の網袋などをかけ，光を弱めて測定すればよい．平面型の受光部の場合は，ビニールテープを貼るという手法もある．

　図2.12は，河口から42km地点の矢作川中流域（愛知県豊田市）で測定さ

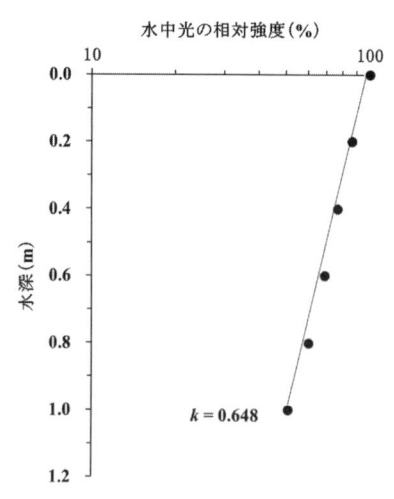

図 2.12　矢作川中流域（河口から42km地点，愛知県豊田市）で2006年9月26日（曇）の南中時に測定された水中光の減衰（野崎，未発表）

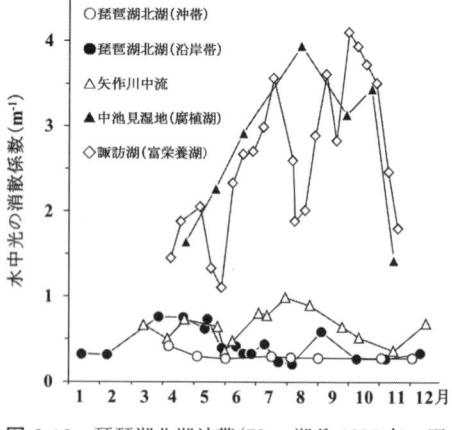

図 2.13　琵琶湖北湖沖帯(70m湖盆 1997年，野崎，未発表)，琵琶湖北湖沿岸帯（滋賀県近江八幡市水が浜 2005年，野崎，未発表），矢作川中流域（愛知県豊田市 2006年，野崎，未発表），諏訪湖（1996年，沖野・花里, 1997），中池見湿地（1997年，Nozaki *et al.*, 2009）における水中光の消散係数の季節変化

れた水中照度の減少傾向である．横軸は，水面直下（水深 1〜2 cm）で測定された照度を 100 とした相対照度で，縦軸は水深を示す．光の減衰は表層部で大きく減少する指数型であるため，相対照度を対数目盛にすると水深に対して直線的に減衰する傾向が得られる．この直線の傾きが消散係数 k である．実際に k を算出する場合には，相対照度の自然対数（ln）変換値と水深の関係を最小二乗法で直線近似し，得られた一次式の傾きを適用すればよい．水深と光の関係は以下の式で表すことができる．

$$I_d = I_0 \times e^{-kd}$$

I_d：ある水深 d（m）における光，I_0：水面直下の光，k：消散係数．

図 2.13 は，消散係数の実測例である．中栄養の琵琶湖北湖沖帯，同じく沿岸帯，矢作川中流域に比べ，富栄養の諏訪湖（沖野・花里 1997），腐植栄養の中池見湿地（Nozaki et al., 2009）では水中光の減衰が大きいことがわかる．

[野崎健太郎]

2.6　電　気　伝　導　度

純水は電気を通さないが，水に溶け込んでいる無機イオンの量が多いと電気が通りやすくなる．この水の電気の通りやすさを示すものを電気伝導度（通称 EC）と言う．単位は μS/cm，または mS/m である．電気伝導度は塩水や汚水が混入すると値が高くなることから，汚れや海水の影響などの指標として用いられる．また，携帯用の電気伝導度計で簡易に測定でき，測定結果の解釈も比較的容易である．河川の流下にともなう値の変化や流域における値の空間分布によって，土地利用や地質との関係，影響なども理解することができる．なお，電気の通りやすさは温度の影響を受けるため，電気伝導度の測定と合わせて，水温を計ることが必要である．

図 2.14 は矢作川の支流で豊田市を流れる伊保川の 2011 年 2 月における電気伝導度と流量の変化の模式図であるが，各支流で測定された流量において，合流後の流量がそれぞれの観測流量合計より多い地点がみられる．これは，細かい水路からの流入が主な原因と考えられるが，河川の電気伝導度と流量の変化を測定し，電気伝導度と流量から求めた加重平均水質を計算することによって，

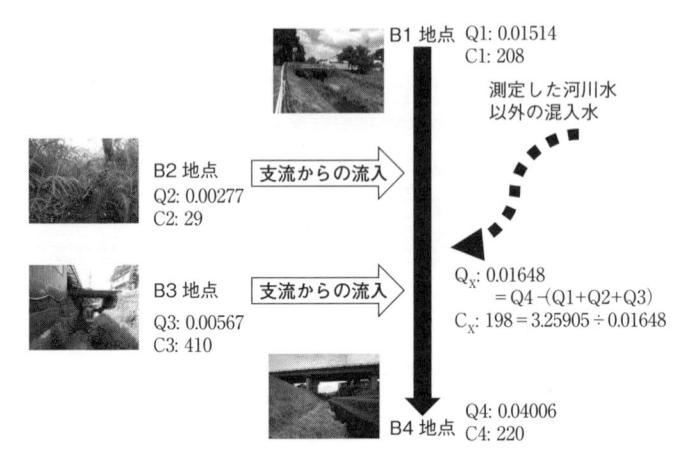

図 2.14 矢作川支流伊保川の 2011 年 2 月における電気伝導度・流量分布. Q：流量（m^3/秒），C：EC（μS/cm）. すべての流入水量の加重水質：$Q4 \times C4 = 8.8132$. 推定した流入水の加重水質：$(Q4 \times C4) - (Q1 \times C1) + (Q2 \times C2) + (Q3 + C3) = 3.25905$.

汚水の混入推定を行うこともできる．最上流の B1 地点で測定された流量 $0.01514\,m^3$/秒，EC $208\,\mu$S/cm の河川水は支流からの流入をともなって最下流の B4 地点（流量 $0.04006\,m^3$/秒，EC $220\,\mu$S/cm）まで流下する．支流で測定された流量と EC は，B2 が $0.00277\,m^3$/秒と $29\,\mu$S/cm で電気伝導度の値が低い水，B3 が $0.00567\,m^3$/秒と $410\,\mu$S/cm で電気伝導度の値が高い水となっている．B1 と B2 と B3 の合計は B4 で測定された流量より少なく，その差 $0.01648\,m^3$/秒が観測した以外の流入量と推定できる．さらに，B4 地点の加重水質と地点 1，地点 2，地点 3 の加重水質の差より，測定した流入河川以外の流入水量の加重水質は 3.25905 となる．これらの流量と水質から $198\,\mu$S/cm の水が混入していると推定できる．

［谷口智雅］

2.7　pH

pH は，水の酸性，アルカリ性の強さを表す指標として使われる．pH の値は，水素イオン濃度〔H^+〕の逆数の対数値として算出され，水素イオン濃度が高ければ pH は低くなり，pH の値が 1 異なるということは，水素イオン濃度が 10 倍異なることを示している．7 を中性とし，7 より小さければ酸性，大きけ

ればアルカリ性を意味する．

$$\mathrm{pH} = \log_{10} \frac{1}{[\mathrm{H}^+]}$$

測定は，2.8 節で紹介するパックテストや専用の pH 測定器を用いる．pH が 4 より低い場合には，塩酸や硫酸を含む温泉水や鉱泉水の流入が考えられる．湿地，湧水，地下水は pH 5～6 の弱酸性であることが多い．これは，有機物の分解によって二酸化炭素（炭酸）や腐植酸が発生するためである．一方，石灰岩地帯の陸水は，アルカリ性である基盤地質の影響で pH 8～9 のアルカリ性を示す．加えて水中の藻類や水草が活発に光合成を行うと二酸化炭素を吸収するため，昼間は顕著に pH が上昇する． ［野崎健太郎］

2.8 簡易水質測定キット

陸水の水質調査は，現地にて行う項目と現地で採取した試料を持ち帰って行う室内実験項目がある．再現性がない水温や，携帯式の機器で比較的容易に測定できる pH や電気伝導度などは現地で測定することが基本となる．一方，第 3 章で説明されている BOD や水に溶け込んでいる化学成分等を分析する場合には，特殊な機器や薬品等を用いて測定するなど，専門的な知識と技術が必要となる．

しかし，測定機器や薬品等を所有していない場合には，簡易水質測定キットが便利である．これらは，測定が簡便であるだけでなく，実験室に持ち帰り，特殊な機器や薬品等を用いて測定しなければならない項目についても，成分変化や保存などを配慮することなく，その場で測定することもできる．試薬の入ったポリチューブで検水を吸い込むだけのタイプや，検水を吸い込む前に専用のカップに付属の滴ビンの試薬を入れるもの，ポリチューブタイプでなく試験紙によるものなど，色々なタイプがあるが，いずれも特別な技術を必要としない．ただし，いずれのタイプも基本的には濃度によって標準色が示される専用の比色シートによって濃度を判断するため，測定者の色覚によって測定値が決定される．このため，高価な機器や実験室で分析した結果と比較すると精度はやや劣る．こうした点について正しく理解した上で簡易水質測定キットを使用すれ

ば，河川の水質の空間分布や経年変化の把握および比較するための有効な道具となる．

簡易水質測定キットは，株式会社共立科学研究所製のパックテスト，柴田科学株式会社製のシンプルパックなど様々な種類があり，通信販売などで容易に購入できる．測定項目や使用法については，キット同封の取り扱い説明書や，株式会社共立科学研究所（パックテスト：http://kyoritsu-lab.co.jp/)，柴田科学株式会社（シンプルパック：http://www.sibata.co.jp/index.html）などのウェブサイトを参照．　　　　　　　　　　　　　　　　　　　　　［谷口智雅］

2.9 生物の採集

生物の調査は，定性および定量調査に大別される．定性調査は，調査地をくまなく採集・観察し，どのような種類の動植物が生息しているのかを一覧表にまとめ，植物相，動物相を明らかにする手法である．河川の水生生物では，菌類，藻類，水草が植物相に入る．定量調査は，調査地の代表的な部分3〜5か所に調査区（方形区，コドラート）を設け，区内に生息する生物をすべて採集し，単位面積あたりの種類数，現存量（主に重量を用いる）を明らかにする手法である．

希少種・外来種を含め生物相の豊かさ貧困さを知るためには定性調査を行い，優占種の存在，生態系の仕組みを理解するためには定量調査を行う．以下，各生物群について，主に手順が煩雑な定量調査の方法を述べる．日本は気温，日射，降水量が季節によって大きく変動し，生物はそれらの影響を強く受けている．したがって，調査は，研究目的と対象生物の特性に応じ，週ごと，月ごと，季節ごとなど，1年間に複数回行う必要がある．　　　　　［野崎健太郎］

2.9.1 細 菌

細菌を含む河川水や堆積物は，清浄な（可能であれば殺菌した）容器に採取する．水生植物や落葉に生息する細菌は，植物や落葉試料ごと清浄な容器に採取し，ろ過滅菌（<0.2μm）した現場の河川水に浸漬する．採取することが難しい大型の石の表面に生息する細菌については，付着藻の採取に準じて一定面

積をブラシでそぎ落とし、ろ過滅菌した一定量の河川水に懸濁する．試料はただちに暗条件で氷冷保存し，できるだけ早く実験室に持ち帰りその後の計数，観察に供する． [村瀬　潤]

2.9.2　藻　類
(1)　石の表面に付着する藻類
器　具

金属ブラシ（歯ブラシでも可），定規（30～50 cm），プラスチックバット（縦45×幅30×深さ6 cm 程度），目盛と取手が付いたプラスチックビーカー（1 L），ポリ瓶（100～300 mL）

手　順

1）　調査地点流心の川底を観察し，代表的な大きさの石を3～5つ拾い，それぞれの表面を適当な図形，またはその組み合わせ（楕円，長方形，三角形，台形など）として近似し，面積算出のために必要な寸法とともに野帳に記録する．
2）　石の表面の付着物を金属ブラシで剥ぎ落とし，バット上で河川水を用いて洗い流す（図2.15）．カワシオグサ，アオミドロ，ヒビミドロなどの肉眼視できる大型糸状緑藻の群落が発達している場合は，先に糸状緑藻を摘み取り，その後，ブラシで残った付着物を剥ぎ取る．
3）　バット上の水をビーカーに移し，水量を野帳に記録し，よく撹拌後，一部をポリ瓶に入れて実験室に持ち帰る（図2.16）．気温の高い時期は保冷袋やクー

図 2.15　石面上の付着物をブラシで剥ぎ落とす

図 2.16　懸濁させた付着物をポリ瓶に入れる

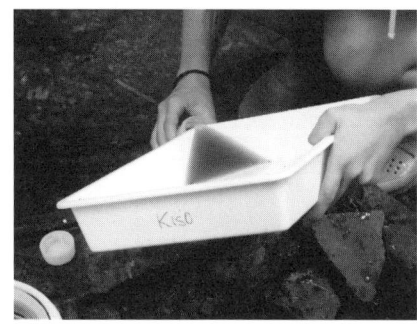

ラーボックスを用いる．石とポリ瓶の対応がわかるように，ポリ瓶にはビニールテープを貼り，石の番号と日付，地点を明記しておく．

(2) 砂泥上に付着する藻類

器具

　プラスチックシャーレ（直径9cm×高さ1.5cm程度），お好み焼きに用いる金属製ヘラ（シャーレが完全に乗る大きさ），スプーン，プラスチックバット（縦45×幅30×深さ6cm程度），目盛と取手が付いたプラスチックビーカー（1L），ポリ瓶（100～300mL）．

手順

1) 調査地点の流心に下流から静かに近づき，シャーレの内側部分を川底に押し当てる．シャーレの下側にヘラを入れ，砂泥を採集する．
2) 泥の場合は，そのままスプーンでポリ瓶に入れる．全量を持ち帰る必要は無く，シャーレの2分の1，4分の1でよい．実験室で適当に水で希釈し試料とする．
3) 粒径の大きな砂や礫の場合は，スプーンでシャーレの2分の1，4分の1に相当する量をバットに移し，河川水で洗浄しながら，その上澄みをビーカーに入れる．洗浄水が大よそ透明になってきたところでビーカーの水量を野帳に記録し，よく攪拌した後，一部をポリ瓶に入れて実験室に持ち帰る．以上の採集を3～5地点で行う．

(3) 水草に付着する藻類

　採集する部位を決め，水草を採集する．葉であれば図形，茎であれば円筒に近似し，面積の算出に必要となる寸法を野帳に記録する．その後は，石の表面に付着する藻類と同じ手順で採集する．ただし，水草の表面を傷めないために，ブラシは柔らかな歯ブラシやスポンジを用いて行う．

(4) 浮遊生物（植物性および動物性プランクトン）

　ダム・堰によって停滞した水域，わんど・たまりなどの止水域では微小な浮遊生物が発生する．植物性プランクトンの採集は，湖沼と同様に，調査地点の表面水を500～1000mL採取し実験室でろ過する，あるいは沈殿させることで行う．種組成のみを調べるのであれば20～70μmの目あいを持つプランクトンネット，あるいはストッキングを用いて水をろ過し，残渣物をポリ瓶に水を

入れ懸濁させて採集する．

　ミジンコ，ケンミジンコ，ワムシなどの動物性プランクトンは，70～150μm の目あいを持つプランクトンネット，あるいはストッキングにプラスチックビーカーで水量を計りながらろ過し，残渣物を集めることで採集を行う．個体数が多い場所では10L，少ない場所では30～50L のろ過を行う．野帳にろ過した水量を記録し，残渣物はポリ瓶に水を入れ懸濁させて持ち帰る．

［野崎健太郎・加藤元海］

2.9.3　水　草

器　具

　スコップ（根掘り），ハサミ，方形枠（コドラート，1辺が25～50cm），折れ尺（1m），新聞紙，ビニール袋，錨形の採集用具，ロープ（10～20m），投げ釣用の鉛のオモリ（100～200g）

手　順

1) 立ち入ることができる深さであれば，川底に方形枠を置き，その中に入った水草をスコップで根ごと掘り抜く．方形枠が無ければ折れ尺で1辺が50cmの枠を想定し水草を採集する．

2) 水草の現存量を測定するのであれば，水草を湿らせた新聞紙で包み，ビニール袋に入れて持ち帰る．種類数のみを調べる場合にも，分類作業には植物体の各部が必要となることから，根系まで含めて植物全体を湿らせた新聞紙に包ん

図 2.17　水草を採取する自作の道具．左：河床においた50cm方形枠，右：柄付きの熊手と投げ込み用の錨

で持ち帰る．ただし，絶滅危惧種に指定されている種も多いので，不必要な採取は避けるべきである．

3) ため池や大きな河川の中心部の水草を採集する場合には，オモリを付けた錨形の採集用具をロープに結わえ投げ込み，底を引きずりながら水草を採集する．この方法は種組成の調査のみに使え，現存量を測定することはできない．採集用具は太い針金，大型の釣り針，魚を突くヤスなどを用いて各自が工夫して自作している（図2.17）．

［永坂正夫・野崎健太郎］

2.9.4　水生昆虫・貝類・甲殻類

器　具

　タモ網（網の上部が円形ではなく直線で幅30 cm程度のもの），プラスチックバット（縦45×幅30×深さ6 cm程度），ピンセット（長さ15 cm程度の歯科用がよい），広口のポリ瓶（500 mL）

手　順

1)　川底にタモ網の1辺（30 cm）を基準とした正方形の範囲を設定し，下流側にタモ網を構える（図2.18）．

2)　タモ網の上流側から設定した正方形の範囲に入る川底を手足でかき回して，水生動物を網の中に流し込む．石の表面には平たい形をしたカゲロウ類やトビケラ類の巣が付着しているため，石を手で洗うようにして網の中に流し込む．

図2.18　河床をかきまわして水生動物をタモ網に入れる

図2.19　水生動物をピンセットで採取し瓶に入れる

3) 網に入ったものをバット上にあけ，ピンセットで動物を採取し瓶に入れる（図 2.19）．タモ網にも動物が付着しているので丁寧に採取する．動物を拾い上げる時間が無い時は，網に入ったものをすべて瓶に入れて持ち帰り，実験室で仕分けを行う．すぐに仕分け作業ができない場合，動物が腐敗するのを防ぐため 5〜10% のホルマリン溶液もしくは 70% 程度のエタノール溶液に保存する．
4) 以上の作業を 3 回繰り返す． 　　　　　　　　　[加藤元海・野崎健太郎]

2.9.5 魚　類

(1) 調査の意義と原理

　魚類は，水環境の現状を反映するわかりやすい指標であるとともに，観察も容易で，人々への認知・人気度も高い．環境省 2013 年版の汽水・淡水魚類のレッドリストでは約 400 種の評価対象種の内の約 42% が絶滅危惧に指定されており，近年の指定種の増加割合は分類群中もっとも顕著である．以上より淡水生態系の評価には，絶滅危惧種を含めた生息魚類相を把握することが有効である．

(2) 一般的な調査

①漁具を用いた調査：　漁具は，捕獲者が対象に狙いを定めて追いかけて捕獲するもの（積極的捕獲具）と対象が来るのを待ち受けもしくは誘導するもの（受動的捕獲具）に区分され，前者は①タモ網，②投網，③サデ網，④四手網，⑤曳網，⑥電気ショッカーが，後者には⑦セル瓶，⑧定置網，⑨刺し網，⑩カゴ網が該当する（図 2.20）．

　投網の目合いは○節○目と表示され，値が大きいほど細かい目を示す．目が細かいほど小さなサイズの魚類が捕獲できるが，テグスが細く網地の強度が欠けるためコイやボラなどの大型の魚類には網が突き破られる場合がある．また，魚類が網目に挟まり外す際に鰓が引っかかり死亡する場合がある．投網は開くことが基本となるが，遠くへ飛ばし，さらには投影形を作れるようになると，小渓流でも効果的な漁具となる．電気ショッカーは片手に電極ポール（−）を持ち，他方の手にタモ網を持ち，水中に電気を流して痺れた個体をタモ網で掬い取る．通電者の横にはタモ網（D 型のネット）とバケツを持った調査員，後方にはサデ網を持った調査員を従え，合計 3 名で調査をするのが基本である．

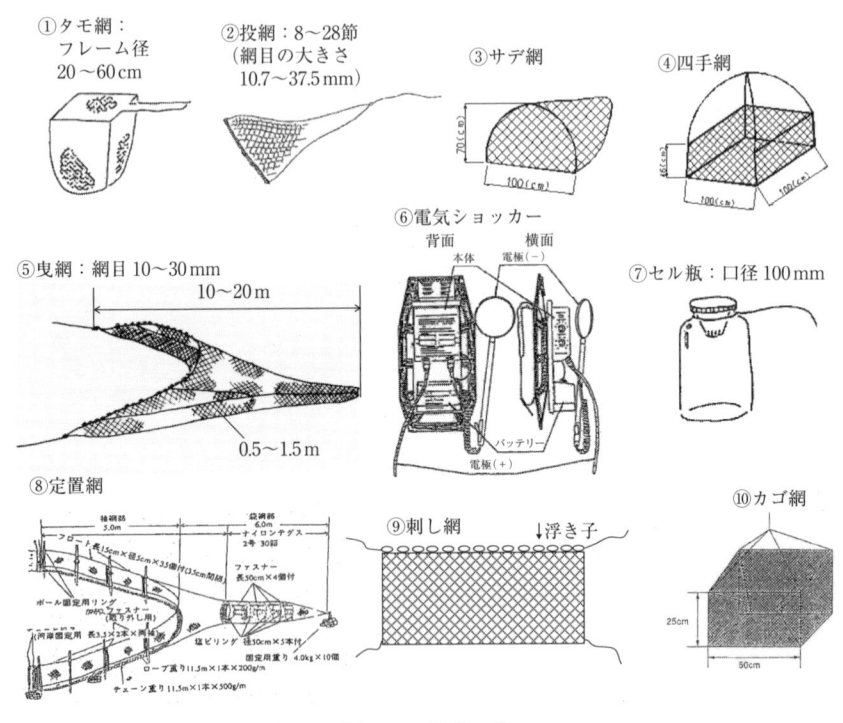

図 2.20　漁具一覧

本漁具は深い場所では捕獲効率が落ち，塩水が入り込む場所では過電流が流れ使えない．

　受動的捕獲漁具は昼間 1，2 時間の設置でも効果があるが，夕方に仕掛けて翌朝回収すると捕獲効率が高い．ただし，長い間かけておくと魚類が学習して外に逃げてしまう．刺し網の捕獲個体は網目に挟まり，ほぼ全個体が死亡すると考えておいた方がよい．深くて流れが速い河川では刺し網の一方を岸につないで流れに網自体を流す方法（流し刺し網）が有効な場合がある．カゴ網には餌を仕込まなくても捕獲効果はある．また，定置網を積極的に引き網のように用いる手法もある．

　漁具の組み合わせとしては，調査地の規模（水深，流速，地形）を勘案して決定する必要がある（表 2.5）．

　個体の計測は資源保全のために現場で行い，生かして放流することを原則と

表 2.5　魚類捕獲のための魚具の組み合わせの例

水域のタイプ(例)	積極的捕獲具						受動的捕獲具			
	①	②	③	④	⑤	⑥	⑦	⑧	⑨	⑩
	タモ網	投網	サデ網	四手網	曳網	電気ショッカー	セル瓶	定置網	刺し網	カゴ網
山地渓流・扇状地河川	○	○	○			○				
自然堤防河川	○	○	○		○			○		○
湿地性蛇行河川(流速大)	○		○						○	
運河(水深大,流速小)		○						○	○	○
わんど・たまり	○		○	○	○		○			
(ダム)湖					○					
沼・ため池	○	○	○	○			○			
水路	○	○	○			○	○			

したい．計測は濡れた計測板の上で行えば個体へのダメージが少ない．30 mm以下の稚魚類やモロコ類は計測によるダメージを受けやすいので，水の入ったアクリルケースなどに入れて計測するのがよい．ウナギなどの大型の個体は麻酔をかけると扱いやすく，田辺製薬の魚類・甲殻類麻酔剤 FA100 やフェノキシエタノールが覚醒する割合も高くてよい．夏季の高水温時期にはこれらの作業を迅速に行い，魚類を確保しているバケツと計測後の魚類を入れるバケツは別にし，そこには新鮮な現場水が満たされていることとエアレーションによる酸素低下の防止に常に留意する必要がある．バケツには魚類の逃避防止，水換えの簡便さを考慮して，巾着袋の絞りのように網をはっておくと使いやすい．その他，外部形態の詳細計測や体内部を対象とした研究の場合はホルマリンなどで固定して実験室に持ち込むことになるが，ゲノムや安定同位体のサンプルは現地で組織（主に鰭）の一部を採取することで，殺さず対応できる．

［佐川志朗］

②潜水目視による調査：　潜水による調査は，魚類の生態を直接観察できる

魅力的な方法である．生息している種類や個体数が記録できるのに加え，生態を観察することで多くの情報が得られる．スキューバダイビングによる潜水もあるが，ここでは陸水域でより簡単に行えるシュノーケリングによる潜水を紹介したい．機材には，マスクとシュノーケル，ブーツと記録用の耐水紙と鉛筆は最低でも用意したい．ブーツは川釣りを扱う釣具店に行けば，川の中で滑りにくいフェルト底のものが購入できる．手袋はなくても調査はできるが怪我の恐れを考えると装着することが望ましい．ホームセンターで販売されているガーデニングなどに使う薄手のものでもよい．河原に自生しているヨモギの茎と葉を手でこね，にじみ出てきた汁でガラス面の内側を軽くこすり，水で流せばマスクの曇り止めとなる．筆記用の耐水紙は流れの緩い環境で A4 サイズのものをプラスチックボードにはさんで使用すればよいが，早いところではボードの保持が難しい．この場合には，手帳サイズの耐水性の野帳を使う．

　生息数の把握にはラインセンサス法がよく用いられる．河川の横断面上をメジャーなどでラインを張り，ラインの左右の一定範囲内にいる魚類を記録する．目測でサイズを把握するには，正確さを確保するためにあらかじめサイズのわかっているものを水中に沈めて感覚をつかんだ上で，調査に臨むとよい．筆者は魚の形を印刷した紙をラミネート加工し，これを調査の前に水中で眺めて確認している．透視度の低い条件での潜水目視には注意を要する．筆者の経験では濁りが入って透視度が 1.5m 未満になると，アユなどの遊泳力のある魚類は調査員が近づくと視認できる前に気配を感じ取って逃避するようである．この条件で調査を行うと生息数が過小評価となる恐れがあるので，できれば 3m 以上の透視度が確保された条件での調査が望ましい． ［山本敏哉］

(3) 特定の場所での調査

①ため池における魚類の調査： ため池は，古来より稲作のために人為的に作られた水域であるが，とくに里地里山に位置するため池には水生生物が数多く生息する場合も多く，生物多様性保全の観点から注目度が高い．ここでは，便宜的にため池を郊外型と都市型に大別し，調査に有効と思われる注意事項を述べる．

　郊外型のため池は農地灌漑利用されていることが多く，市町村役場を訪ね，ため池台帳の閲覧を希望するとよい．そこに記載されている管理者名と連絡先

をひかえ，管理者を直接訪ねることになる．管理者の多くは水利権を持つ一帯の複数の農家であり，持ち回りで世話役を担っているようである．調査を希望するため池の場所と名称，調査の目的や頻度，調査手法などを話し，相談に乗ってもらう．農家がため池の環境や生息している生物に関心を持っていることも多く，許可を得ることは意外に容易である．世話役の農家が他の農家の同意を得た上で，調査の可否を伝えてくれる．ただし，ため池には特徴があり，個別に注意を与えられることも多い．安全面での注意が多く，地域ぐるみで子供をため池での水の事故から守るために近寄ることを禁止している場所もあり，調査の予定をあらかじめ管理者側に伝えることや調査中であることがわかるような工夫をすることが求められることもある．他に，当然のことだが，堤を壊さないようにすること，排水施設に支障をきたすような行為を慎むことなども非常に重要である．また，看板などがなくとも収穫を期待して個人的にコイなどを放流している場合もあり，しっかりと状況を聞き取るなどの注意を要する．

　町の中に所在する都市型ため池のなかにはすでに灌漑機能を失っているものも多く，公園池としての利用が中心である．郊外型ため池に比べて調査は往々にして困難である．これは，調査によって得られる科学的知見の集積よりも公園一般利用者の利益が自治体側にとっては優先される傾向が強いためである．都市型ため池においても希少魚類の生息するケースが少なからず認められ，調査の結果がこれらの保全に結びつく利益を考慮すると，残念なことである．一方，都市型ため池には，周辺にため池環境の保全に熱心に取り組む個人や団体が存在する．自治体に掛け合う前に，ため池を実質的に管理・利用しているこれらの人々に働きかけた方が調査への道が開けやすい．何よりも，彼らは誰よりも長期間そのため池を観察しており，生物のことにも詳しく，学べることが非常に多い．

　河川における魚類の採捕と同様，調査の目的などを都道府県の水産課もしくは水産試験場などに相談し，魚類の特別採捕許可を受けたうえで実施する必要がある．

　地引網　　目合い 10 mm，長さ 30～35 m，丈 2～3 m 程度のものが使いやすい．地引網を 3～4 人乗りのゴムボートに積み，片端を岸に固定もしくは人が持ち，弧を描いて漕ぎながら網を水中に入れていく．ボートを開始地点に漕

ぎ着け，網の両端をゆっくりと引く．この際，速すぎると底のラインが浮き，魚が逃げる．また，網の中心部に設けてある袋網部分に魚が収まるように引くことが重要である．ため池が浅く泥が少なければ，歩いて地引き網を引くことも可能である．砂地の多いため池が理想的であるが，池干し頻度が低下している多くのため池では泥が大量に堆積しており，網が泥をすくって動かなくなったり，倒木やゴミなどに引っかかり網が破れてしまうことがある．そのため，あらかじめ底質環境をある程度把握しておくことが望ましい．地引き網による生息魚類の個体数推定については，引いた面積に基づく密度推定も可能であるが，一般的にはCPUE（トラップ1個あたりの単位時間採捕個体数）を指標とする個体数推定がよく用いられる．

網には，浮き，おもりそれぞれのラインの端に5〜7m程度の長さのロープを付けておくと使い勝手がよい．地引き網中心部には直径50cm，長さ2m程度の袋網を付けておく．作製段階でおもりラインを軽めに作ると泥をすくいにくくなる上に，網も扱いやすい．網地材料に透明のナイロン製モノフィラメントを用いると魚が認識しにくく，魚が網目に頭を突っ込んで死んでしまうのでお勧めできない．軽いマルチフィラメント繊維を用いるのがよい．

タモ網・投網・刺し網・定置網　一般的な大きさのタモ網であれば漁業調整規則による規制の対象から除外されている場合もあり，手軽に使用できる割に採捕効率も悪くない．ガサガサと植生の中を探るもよし，池底を探って砂や泥と一緒に魚を採るのもよい．採捕時間を記録することでCPUEデータに換算することも可能である．

投網は携帯が容易であるため，有用な採捕道具である．投げ方はウェブ上でも紹介されており，練習すればそれなりに投げられるようになる．小型で遊泳能力の低い魚を採捕するのに向いているが，倒木などの構造物が多いため池では使用する場面は比較的限定される．透明度が比較的高い場所で，群れている様子がよくみえる小型のブルーギルなどに有効な漁具である．

刺し網は，ダム湖などの比較的規模の大きい湖沼で用いられることが多い．定置網と反対に目合いの大きさを変えることにより体長の異なる魚を採捕するため，種・体サイズ選択的な漁具である．ただし，目合いの大きさが異なる3枚の小型の刺し網を重ね合わせてできている刺し網（通称小型三枚網）は，さ

まざまな大きさのブルーギルやブラックバスを捕る際に効果を発揮する．なお，網の構造上，かかった魚を殺傷する可能性が高いため，標本として固定することを前提に使用する漁具と考えてよい．

定置網は，大型のトラップと考えてよい．ため池では，本体全長5～6 m，片袖長さ3 m程度のものが使いやすい．岸辺近くで定置網の上部が少し水面から突き出る程度の水深に設置する．種選択性が小さい漁具であり，殺傷性も低い点で優れている．岸と平行に設置し，袖部分を岸に延ばし，浅瀬を移動する魚を定置網に誘導する．定置網の最終マスが水面上に出ているとその中の魚がサギ類に狙われやすい．一方で，カメ類が最終マスに入ったまま放置すると溺死してしまうため，水面上に出しておくことが必須となる．希少なカメ類の保護が望まれる水域では定置網の使用は限定されるかもしれない．

池干し　池干しは，池内の水の大部分もしくはすべてを排水して行うため，外来魚類の駆除によく用いられる．池干しは，生息魚類の全数調査がほぼ可能と考えられがちであるが，それはコイなどの大型魚類に限られ，ブラックバス，ブルーギル，その他多くの小型の在来魚類は泥に埋まってしまい，すべてを採捕することは困難である．そのため，完全に排水する前にボートを出し，漕ぎながら浅場や泥の上の魚をタモ網で拾う作業も有効である．池干しの前に排水口に網を設置し，外来魚などを下流域に流出させない工夫も重要である．泥水を何日も連続して排出することになるため，下流域への配慮は必須となる．池干しでは，採捕した魚類の仕分けなどに必要な「清澄」な水の確保も重要である．事前にため池の水を汲み取っておくなどするとよい．

池干しを外来魚の駆除目的に行う場合，在来魚類，貝類，昆虫，植物などのレスキュー作業が重要な課題となる．次の湛水まで数週間から数か月間かけて池を干し上げる場合，これら在来動植物の一時的保管作業の準備が重要である．池干し自体がこれらの動植物に対して少なくないストレスを与えることから，各分類群に詳しい専門家を入れた準備と作業が望ましい．池干しの時期についても，これら専門家が意見交換した上で結論を出すとよい．

10～20年も池干しが行われていないため池では，排水の方法が自治体でも容易に把握できず，苦労することがある．そもそもため池の水利組合が中心となり排水作業に当たっていたため，マニュアルのようなものが存在せず，排水

口の位置，開け方などの見当がつきにくい．排水口付近に泥やゴミが厚く堆積していることも多い．ウェットスーツを着て排水口を確保する作業が必要となるケースもある．排水口の確保が困難である場合，発電機と水中ポンプを用いて排水することもある．

豊田市自然観察の森内の市木上池では，2006年に外来魚駆除を目的とする池干し（完全な排水）を行ったところ，ブラックバス1079個体，ブルーギル3099個体，モツゴ24個体が確認された．その後，2007年から2009年にかけて地引網で調査した結果，いずれの年も外来魚類が確認されなかったことから，池干しによる外来魚類駆除は成功したものと考えられた．一方で，池干し時には生息密度が非常に低かった在来魚モツゴが増え，メダカ，トウヨシノボリも確認されるようになった．このように，池干しによる完全な排水が可能なため池では外来魚を取り除くことが可能であり，在来魚類の保全上欠かせないツールとなる．

小型トラップ類・釣り　　市販のモンドリ，カニカゴ，セル瓶などは使い方も簡単で，餌とあわせて釣具店で容易に購入することができる．とくに，モンドリは折り畳むと小さくなり，運搬も容易である．岸辺の比較的浅い場所に静かに沈め，1〜2時間程度置いた後に引き上げるのが一般的な使い方である．魚類の「いる・いない」データをとる目的にも有効であるが，設置時間を記録しておきさえすれば，CPUEの算出が容易である点も見逃せない．

釣りは，おそらくもっとも手軽なため池での魚類調査手法である．延べ竿1本，ラインと釣り針，餌があれば最低限の調査が可能である．釣りによる外来魚類の駆除技術開発に関する論文も出ているほどである．ただし，種・サイズに選択的な漁具であり，ある程度対象種を絞って使う必要がある．

[谷口義則]

②**魚道を遡上する魚類の計数**：　河川に横断工作物ができれば多くの場合，魚類やカニなどの甲殻類が遡上できるための魚道がつくられる．そこを通過する個体数を数えることで，遡上数を把握でき，これは魚道が機能しているかどうかの検証材料となるとともに，河川に生息する魚類の生態の一面を表す基礎的データとなる．

調査は魚道の中でもっとも見やすい場所を選び，通過する魚類を計数する．

計数には調査員が常時張り付いて目視によって把握する場合が多いが，遡上する魚類をすべて鮮明にビデオ撮影できれば，録画して後から確認する方法も可能である．遡上する魚類は多くの場合，魚種がアユやマス類に限られるが，回遊魚といわれる魚類以外の淡水魚も時には遡上することがあるので注意が必要である．目視観測での計数には 10 分ごとに集計して記録する方法を筆者らは採用している．一人で調査をする場合は，20 分間数えたら 10 分休憩し，休憩した 10 分間の遡上数は前後の値の平均値を採用している．魚道に入った魚類は両端の壁伝いに遡上する場合が多いため，観測ポイントの魚道の幅が広い場合には，正確な計数が困難となる．この場合には，真ん中で 2 つに区切り，左右と交互に計数しそれらを 2 倍した値を遡上数とすればよい．アユは昼間に遡上するが，エビやカニ類の遡上は夜間が主体になるので別途トラップなどを魚道の形状に合わせ設置する必要があるだろう．

　矢作川でのアユの遡上を観察すると，遡上する数は日によってまちまちであり，遡上の前半の 4 月には水温の変動に大きな影響を受けるが，5 月以降になると水量の変化に敏感に反応する．大雨の出水時には遡上が休止するが，その後の平水へ戻るタイミングのとき大量の遡上がみられることが多い．もっとも多く遡上する日にはその年の合計遡上数の 20%以上に達することがある．2007 年は 1998 年以降でもっとも遡上の多かった年であり，この年のピークとなった 5 月 1 日には 1 日で 140 万尾の遡上数を記録した．1 秒間に数十尾の遡上が長時間にわたって続く．アユの遡上は日没とともに終了するが，大量に遡上するときには真っ暗になってもしばらく遡上行動は続くので，調査をする際もライトを照らしての計数となる．このような大量遡上時には目視による調査は労力が大きくなるため，ビデオによる撮影を併用することが望ましい．

［山本敏哉・谷口義則・佐川史朗］

2.9.6　両生類・爬虫類

　爬虫両生類学は，分類，生態，行動，生理，遺伝および発生学を含む．加えて陸水学に関係する動物地理学の主要な研究対象でもある．この研究分野にとって重要なことは，モデル動物であるイモリやアフリカツメガエルを除き，野外調査が欠かせないことである．本項では，河川と湿地に生息する小型サン

ショウウオ，イモリ，カエル，カメの採集法と生態研究法を紹介する．水生動物としては大きく，目視での捕獲や観察が容易であるが，水辺から離れ分散することが可能であるため,調査を行う際には陸域も対象になってくる．したがって，定量的な採集はきわめて困難である．加えて両生類は，幼生期が存在するため魚類調査に近い方法が必要になってくる．さらに，夜行性や昼行性といった行動時間の把握が重要である．

(1) 渓流性小型サンショウウオ類およびカエル類

東海地方の山地渓流には（図 2.21），ハコネサンショウウオ，ヒダサンショウウオ，タゴガエル，ナガレタゴガエル，ナガレヒキガエル，カジカガエルなどが生息する．成体は陸域で生活することが多く，繁殖期になると産卵場所の渓流やその付近に集まることから，その時に採集を行うことが効果的である．幼生は，いわゆるおたまじゃくしとして水中生活を送るため，水生昆虫と同じ方法で採集できる．サンショウウオ類の幼生は，成体に近い大きさになるまで水中に留まるため，生息状況を知るためには，幼生の採集が有効である．

ハコネサンショウウオは，幼生で越冬し，ほぼ1年を通して採集できることから，幼生の有無で生息状況を把握することができる．ただし，産卵は，渓流源流部の地下で行われることから，卵塊の確認はきわめて困難である．ヒダサンショウウオは，東海地方の産卵期は3〜5月であるが，12月には渓流中の小さな堰（図 2.22）の砂利の中に潜んでいることがあるため，タモ網で採集する

図 2.21　ハコネサンショウウオ，ヒダサンショウウオが産卵および生息する渓流

図 2.22　ヒダサンショウウオが越冬する渓流中の堰（丸で囲った部分）

ことが可能である．ヒダサンショウウオの幼生は，10月頃までに変態を完了するので，産卵後から10月まで採集することができる．幼生で越冬することもあるので，真冬でも確認されることがある．ナガレタゴガエルも産卵期（2〜4月）以前の真冬に渓流中で確認することができる．ナガレヒキガエルは，産卵期が3〜4月であるが，12月に渓流中の堰の中にいることもある．そして，非繁殖期である夏期でも渓流周辺に留まり，岩場の上や岸などにみられる．カエル類の幼生は越冬することはほとんどないので，産卵から2〜3か月ほどの間のみ幼生の確認が可能である．

その他，渓流域ではないが，山地の崖などの地中で確認されるコガタブチサンショウウオは，崖の地中に潜っているため，崖の砂利を潮干狩り用の熊手などを利用して掘りながら採集を行う（図2.23）．

(2) 水田および周辺用水路のカエル類とイモリ

カエル類は，夜間に観察や採集を行うのが望ましい．水田ではいくつかの種類が同所的に生活や繁殖の場を共有していることが多いが，繁殖生態が種ごとに異なることから，対象とする種の生活史を熟知する必要がある．たとえば，トノサマガエルは爆発的繁殖型で，1地点の個体群による繁殖期間は，わずか1週間ほどである．そのため，卵の採集や観察，繁殖生態の観察は見逃さぬよう注意が必要となってくる．その他，鳴き声による種の判別も有効であり，知

図2.23 コガタブチサンショウウオの生息地

図2.24 カスミサンショウウオが産卵する湧水湿地

識があれば生息状況の確認が簡便化できる.

水田の両生類相は，圃場整備により，水田の乾燥化と水路の護岸工事が行われると大きな影響を受ける（長谷川，1998）．たとえば，東海地方の特性の1つとして，シュレーゲルアオガエルとアカハライモリが，濃尾平野内ではほとんど生息していないことが挙げられる（愛知県，2010）．シュレーゲルアオガエルは産卵期が3月下旬から4月くらいであるが，濃尾平野では，その時期，水田に水を張っている場所がきわめて少なく，元来生息していたであろう（もしくは生息可能であったであろう）本種は繁殖が不可能となり，現在では，山間部や丘陵地のみに残存していると考えられる．アカハライモリは，用水路の人工護岸化や乾田化が原因で，やはり生息地が山間部や丘陵地に限定されてしまったと思われる.

(3) 丘陵湿地でのサンショウウオやカエル類

東海地方の丘陵湿地（図2.24）に生息するサンショウウオ類の代表種として，カスミサンショウウオが挙げられる．カスミサンショウウオの繁殖期は，1月下旬から4月上旬である．成体は陸上生活をし，その生態は未解明であるため，本種の観察は繁殖期に限定されることが多い．さらに，夜行性であることから，観察は夜間に行う．産卵は，丘陵地内の水たまりや浅く小さな池で行われる．1匹のメスは数十卵の卵が入ったクロワッサン状の房を2つ産卵することから，卵塊の数を計数すれば，調査地の個体群の大きさが把握できる．卵塊は，上からの観察のみでは確認できないことがあるため，直接手を水中に入れ，みえない箇所などを探りながら調査する必要がある．幼生は，7月頃には変態し上陸するため，観察可能な期間はきわめて短い.

カエル類は，ニホンアカガエル，アズマヒキガエルが観察され，山間部ではヤマアカガエル，モリアオガエルも観察される．アズマヒキガエルはトノサマガエルと同様に爆発的繁殖型であり，1週間ないし早ければ3日ほどで繁殖期が終了する．他の種では繁殖期間は長いが，いずれも夜行性であるため，夜間の観察が望ましい.

(4) ヌマガメ類

東海地方のヌマガメ類はニホンイシガメ，クサガメ，ミシシッピーアカミミガメ，ニホンスッポンである．ヌマガメ類の観察や採集は，両生類と異なり繁

殖期に1か所に集中することがとくにないため，集団での観察が困難である．成体を捕獲する方法で一般的に用いられる方法は，籠状の罠による捕獲である．もっとも用いられる籠罠はカニ用のもので，非常に簡易的で用いやすい（図2.25）．籠を仕掛ける際には，誘引するための餌として生魚，煮干しなどを入れ，窒息死を防ぐために，籠を水面から一部出して仕掛ける．さらに最近では，カメの甲羅干しを行う習性を利用した「浮島型カメ捕獲装置」といわれるものが考案され（図2.26），長期設置も可能で安価な材料で製作でき，非常に効率よくヌマガメ類の捕獲が可能な捕獲道具も存在する（鬼頭・研谷，2013）．ヌマガメ類は甲羅干しを頻繁に行うことから，生息状況を目視で行うことも可能である．ヌマガメ類の産卵期は，6～7月であり，池の周辺や河川に面した土手に上陸してくるメス個体を観察することができる．とくに雨天時や曇りの日に産卵が多く行われる傾向があるため，天候を考慮した観察が重要である．

図 2.25 ヌマガメ類を捕獲する籠罠．設置時にフロートや空のペットボトルを付随させ，捕獲されたカメの窒息死を防ぐ（撮影協力：なごや生物多様性センター）．

図 2.26 浮島型カメ捕獲装置．天板に登ったカメが網の中に落ちる仕組みになっている．（撮影協力：なごや生物多様性センター）

(5) 生態研究法

観察力が研究の成否の鍵となる．特定の種を対象とした個生態研究では，継続的な観察（モニタリング）を中心に研究を進めるため，成体が集中する繁殖期や活動期に行うことが主流である．モニタリングは，地道な調査を必要とするわりに研究成果として高い評価を得にくく，敬遠されがちな手法である．ただし，他分野の発展の基礎となることが多く，研究導入としても有効で，高価

な研究機器がなくても始めることができる（松井，2005）．草野・川上（1999）は，トウキョウサンショウウオの一斉調査を行い，集約した生息地の情報と生存率のゆらぎを加えた個体群動態モデルを作成した．モデルを用いてシミュレーションした結果，関東のトウキョウサンショウウオが100年後に95％の確率で存続するためには，1つの繁殖集団が含むメスの個体数は最小で100匹と推定した．このように，生態研究は保全にも強く結びついている．

(6) 個体識別方法

①**ピットタグ**（マイクロチップ）：体内に磁気性の小型チップを埋め込み，個体識別する．成体を極力傷つけることがなく，半永久的に個体識別が可能なため，長期にわたる調査が可能である．ただし，小型のサンショウウオ類には，挿入が難しく，負担が大きい可能性がある．

②**指切り法**：成体の指を使って個体識別を行う．指を切断する器具のみが必要で，きわめて簡易的な方法．マーキングした個体の再捕獲時に瞬時に識別でき，確認も容易である．有尾類では再生能力があるため長期的には利用できない．指切り法は個体に影響を及ぼす恐れがあるということから，論文が受理されないことがある（松井，2003）．

③**甲羅マーク法**：ヌマガメ類に行われるマーキング法で，カメの甲羅を利用して個体識別を行う．甲板を油性ペンキなどで塗りつぶし，塗りつぶしのパターンを変え識別する．ただし，塗料が乾くまで時間がかかるのと，甲羅も脱皮を行うため，永久的に有効ではない．もう1つの方法は，縁甲板にドリルで穴をあけ，その位置で識別を行う方法である（Yabe, 1989）．この方法は，半永久的に使用でき，穴をあけるとき以外はほぼ個体に影響が出ない．

(7) モニタリング手法

①**ラインセンサス法**：毎回決まった場所で個体や卵を調査し，個体数やその変動，産卵状況などを調査する．両生類の場合，非繁殖期は陸域まで調査地が広がる．

②**トラップ法**：捕獲用具を用い，個体群数とその変動を把握する．ラインセンサスに比べ時間短縮でき，とくにヌマガメ類には有効である．ラインセンサス法と併用すると，より調査効率が高くなる．

③**テレメトリー法**：個体に発信機を装着し，その移動範囲を調査する．移動

距離や行動が細かく把握できるが，費用がかかり，両生類の場合装着が難しい．

(8) 野外調査の注意点

　水田などで行う場合，農業従事者や管理者に許可を得る必要がある．また，地方公共団体や国の管理地で行う場合も同様に許可が必要である．ヌマガメ類の場合，河川などで網を仕掛けるには，その河川資源管理を行っている漁業組合に許可が必要になってくる．絶滅危惧種への配慮も必要である．名古屋市内では，移入種をのぞく生息確認種 10 種のうち 7 種が絶滅危惧種に指定され，ニホンイシガメに関しても準絶滅危惧種に指定されている（名古屋市，2004）．なおニホンイシガメは全国的に準絶滅危惧種に指定されていることから（環境省ウェブサイト），とくに配慮が必要である．　　　　　　　　　　[藤谷武史]

2.9.7　鳥　類

　鳥類は，森林，草原，海洋，都市などさまざまな環境に生息している．鳥類は生態系の高次消費者であり，その地域の果実類や昆虫類，小型哺乳類，魚類などをエサ資源として利用する．環境が変化した場合，それに応答した生産者が変化あるいは種数や個体数が減少すると，一次消費者も変化するため，更なる高次の消費者である鳥類にも変化が現れる．つまり，鳥類はさまざまな環境の変化を反映すると考えられている．また，エサを通してだけでなく，鳥類自身も環境の変化を生息場所の変化として直接的に反映する．

　たとえば，河川環境は鳥類が繁殖や休息を行う場所である．さらに，日本に生息する鳥類の半数は渡りを行う鳥種で占められており，河川環境はこの渡り鳥の飛来地や繁殖地，休息地，餌場として重要な場所である．渡り鳥は移動する季節とルートが決まっており，毎年同じ飛来地や繁殖地を利用する種が多い．そのため，経年的に同時期，同所で観察を行い，これらの種や個体数が変化すれば，観察場所の環境の変化，さらには渡る前にいた場所の環境の変化なども予測できる．河川環境でそうした鳥類の行動や種，個体数を記録し，モニタリング調査を定期的に長期間行うことにより，鳥類を通して環境の変化を知ることができる．

(1) 鳥類モニタリングによるデータ収集

　観察は，双眼鏡や望遠鏡を用いて行い，最初は持ち運べる大きさの図鑑など

を持ち歩き，専門的な知識や経験を持つ人に種の同定を教わるのが望ましい．観察方法は主に以下の3つであるが，目的によって選んだり，他の手法と組み合わせたりする．

①**定点観察法**： 湖沼や河口などの見通しのよい環境で，一定の時間内に確認した鳥類の種類と数を記録する方法．鳥類の河川利用状況を把握することが可能である．

②**ラインセンサス法**： あらかじめ設定しておいたセンサスルート上を時速1〜2km程度で歩き，一定の範囲内で確認した種類と数を記録する方法．調査対象範囲の鳥類群集を定量的に把握できる．河川や湖沼などで行う場合，踏査可能なルートを中心に調査を行うと，調査対象範囲の鳥類相を正確に捉えられないことがある．このような場合，環境に合わせて適時判断し，工夫が必要である．

③**任意観察法**： 定点の時間外やルートセンサス時に範囲外で確認した鳥類の種類と数を記録する方法．調査によっては，調査対象範囲内にみられるさまざまな環境を網羅するように踏査し，確認した種類と数を記録する方法として用いられることもある．

④**その他**： 鳥類のモニタリングは森林に限らず，フェリーなどに乗船し，海上から海鳥を対象としたり，ある種に注目して繁殖期間中に一定の間隔で繁殖状況を調査したりすることもある．東海地方では2007年から繁殖期間中のカワウの繁殖状況がモニタリングされており，繁殖時期や繁殖成績が記録されている．たとえば，これらの年変動や生息環境のデータを合わせてカワウのエサとなる魚が生息する河川の環境変化について考察することもできるだろう．

(2) 結果の解釈と表示

観察された鳥類の数はそのまま利用する場合もあるが，定点観察では単位時間あたり（羽/時間），ラインセンサスでは単位面積あたり（羽/ha）の羽数に換算する．三重県鈴鹿市で鳥類のモニタリングを行ったときの観察シートの一部を例として下に示した（図 2.27）．シートには観察者，日時，観察時の天候や場所の環境を記入する．調査内容に応じて項目は増減する．観察は鈴鹿川の河川敷で行われ，観察した内容を s：さえずり，c：地鳴き，v：目視，fl：飛翔，範囲外の5種類に分類し，それらを個体数として合計した．さらに，繁殖行動

調査年月日	○○○年○○月○○日	曜日		○曜日	観察者 ○○、○○、○○
調査場所	和泉橋付近	所在地		鈴鹿市西冨田町	
天候	くもり	風(無) 弱 強)		環境(山林 川 池 田畑 住宅 その他)	
調査時刻	開始13時50分 ～ 終了14時30分				
調査の種類	定点 ライセンサス 任意				

s:さえずり c:地鳴き v:目視 fl:飛翔

№	種名	個体数	範囲外	s	c	v	fl	繁殖状況	備考（環境・時間経過など）
1	ハクセキレイ	2						正	
2	ホオジロ	3		―		T		♂がヒナに給餌	
	計	14種	43		6	31	6		

図 2.27　鳥類の観察シートの事例

がみられたら記録した．

［藤井英紀］

2.10　落葉の分解過程

　河川や湿地における落葉（リター）の分解過程は，化学成分の溶脱，微生物の定着，大型無脊椎動物（水生昆虫や甲殻類など）による摂食，流水域では流れによる断片化によって進行し，最後まで残存した難分解成分が流下する．このように，落葉分解にはサイズ減少という断片化と，生物による同化・摂食が含まれる．断片化の研究ではリターバッグ法とリターパック法が使われ，同化・摂食の研究では対象生物ごとに適した方法が使われる．本節では紹介しないが，水界への落葉流入量調査には垂直落下を捕らえるリタートラップ法や，岸から吹き込む落葉を捕らえるリターフェンス法がある（詳しくは森林立地調査法編集委員会（1999），Graca *et al.*（2007）を参照）．

2.10.1　リターバッグ法
器　具
　葉，メッシュ・バッグ（ビニール被覆金網／プラスチック），網袋，押し網
手　順
1)　河畔植生の葉を採取し，風乾（もしくは室温以下で乾燥；葉に含まれる蛋白質の変成を防ぐため）して一定重量をメッシュ・バッグに入れる（5gの葉

を重ならない大きさのバッグに入れることが多い）．バッグを9（3回回収×3反復）〜25個（5回回収×5反復）作成する．バッグの目合は，微生物だけの分解量を調べるには1mm前後，水生昆虫・甲殻類の寄与も調べるには10mm前後（生物相による）とする．人体からの窒素やリンの汚染を防ぐために，葉やバッグを扱う際には手袋を使用する．

2) 微生物だけを定着させる（＝前処理）ため，1mm目合の網袋にすべてのバッグを入れ，調査地に1週間沈める．

3) バッグを，調査地に個々に沈める．流失を防ぐため，クサビ（ペグ）で底に固定するか錘を入れる．

4) バッグを複数回（文献などから分解完了時間を推定し，それまでに3〜5回）に分けて回収する．バッグの下流にバッグより小さい目合の押し網を置き，回収時に脱落する生物や有機物も採取して，クーラーバックで冷やして実験室に持ち帰る．回収回数は，a) 照葉樹や針葉樹の葉は分解が遅い（分解完了までに100〜200日），b) 自然に脱落した葉（黄葉）よりも緑葉の分解が早い，c) シュレッダー（とくにヨコエビ）が多い場所では分解が早い（20日程度のことも），d) 流速が速い場所では分解が早い，といった傾向も考慮して決める．

5) バッグから葉を取り出し，水中で静かに洗って表面に付着している大型無脊椎動物や細粒有機物，土砂などを除き，乾燥機で50℃で絶乾して秤量する．必要な場合は有機物量を強熱減量法で定量し，大型生物を中性ホルマリン5%で固定して同定する．

6) 実験終了後，式（1）を用いて分解速度定数 k を推定する．

$$Y_t = Y_0 \times e^{-kt} \qquad (1)$$

ここで Y_t：開始 t 日目での残存重量，Y_0：実験開始時の重量，e：自然対数，k：分解速度定数．

7) 条件ごとの k や，式（1）から計算される半数分解に要する時間を条件ごとに比較して，実験条件や生物相の影響を検討する（図2.28）．

この実験では初期重量が一定でなかったため，縦軸は残存率（Y_t/Y_0）で示した．分解速度定数 k と決定係数は，緑葉では0.028と0.428，黄葉では0.021と0.790であり，緑葉の分解が早いことがわかる．

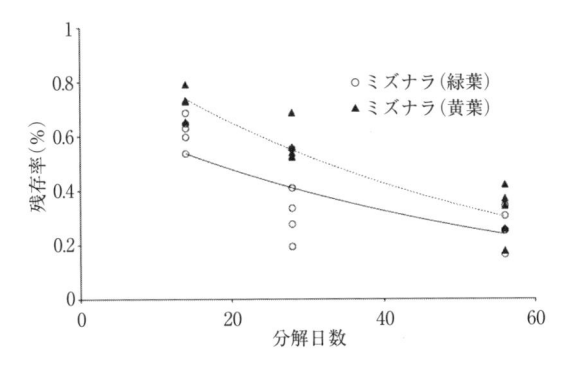

図 2.28 北海道北部でのリターバッグ法によるミズナラの緑葉と黄葉の分解速度（鎌内，未発表）

2.10.2 リターパック法

既知重量の葉を基質（レンガなど）に括りつけて沈める以外はバッグ法と同様である（パックと呼ばれることにとくに理由はないと思うが，流水域で倒木に引っかかった落葉の塊をリターパックと呼ぶので，これが由来かもしれない）．バッグ法ではバッグ内で水が滞留するので分解環境が自然状態と掛け離れる場合があり，また大型十脚類が主要な分解者となる地域では，バッグ内にこれらが侵入可能でかつ葉が流出しない目合を設定するのが困難という欠点がある．しかし，パック法ではこうした短所を回避できる．一方，パック法では微生物と大型動物の分解量を分離することは不可能であり，また，断片化以外にも水流による脱落などが加わるので，減少した重量の内訳を評価するのは困難である．

2.10.3 微生物の観察

葉の分解には多様な細胞外酵素を分泌する真菌の寄与が大きい．中でも水生不完全菌は冷温帯域で主要な落葉分解菌である．その観察方法を示す．

器具

中性ホルマリン，メンブレンフィルター，ろ過器，メチレンブルー，グリセリン，スライドグラス，カバーグラス，透明マニキュア（トップコート），寒天，耐熱瓶，シャーレ，オートクレーブ（電子レンジ），アルコールランプ，微針

手　順

1) 分解途中の葉の小片（1 cm^2 程度）を純水中に6〜24時間室温で放置すると，種特異的な形態で数十〜数百 μm の無性胞子（分生子）が放出される（図2.29）．

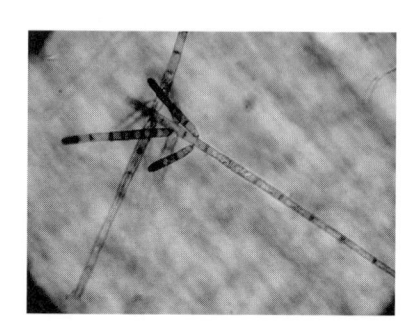

図 2.29　水生不完全菌の無性胞子（分生子）．
メチレンブルーで染色．（鎌内，未発表）

2) 環境指標などとして種組成を調べるには，固定（中性ホルマリン1%）後にろ過してメンブレン・フィルター上に分生子を捕集する．これにメチレンブルー・グリセリン溶液を滴下（染色）してカバーグラスをかけ，マニキュアで封入して検鏡し，分生子の形態から種同定する．

3) 一般的な菌類に比べて単離培養が容易なので，培養実験に供することもできる．耐熱瓶に培地全量を入れオートクレーブ（もしくは電子レンジで数秒沸騰）した後，シャーレに分注（または耐熱シャーレに培地を分注してオートクレーブ）し，冷却後，培地とする．クリーンベンチ内の解剖顕微鏡下で微針（アルコールランプで炙る）を使って分生子を単離し培地に接種する（詳しくは椿(1998)を参照）．多くの種は寒天のみの培地（濃度1%前後；濃度に敏感な種もいる）で増殖する．

　この他にも微生物量を求めるには，対象微生物に特異的な DNA を増幅させて DNA 量を定量する方法（リアルタイム PCR 法），真菌の細胞膜成分（エルゴステロール）含量を定量する方法，蛍光染色して計数する方法などがあり，いずれも生物量に換算する．また活性測定には，酵素量を定量して細胞外消化速度を求める，呼吸速度から同化活性を測定する方法もある（詳しくは Wetzel and G. E. Likens (1991), Hauer and Lamberti (2007) を参照).

2.10.4 大型無脊椎動物

水生昆虫以外にも甲殻類（ヨコエビやエビ・カニなど）などの大型無脊椎動物が落葉分解に関与している．葉はデトリタス（不定形の有機物）と比べて固い上にセルロースなどの難分解有機物で構成されているので，強い顎を持ち消化能力の高い生物群（シュレッダー）が葉を摂食している．餌である葉の質（固さや窒素含量など）と量はさまざまな要因で変化するので，菌類による軟化が無くても食べる種や，落葉の無い時期を夏眠して過ごす種もいる．

2.10.5 葉の種類と質

葉は，樹種や生育段階，季節によって質（固さや栄養分の含量）が異なり，それが分解速度や分解生物群集の違いを生む一因になる．一般に，窒素やリン濃度が高く，また柔らかい葉で分解が早い．葉の質に関与する要因としては，葉の自然脱落前の窒素やリンなどの転流，台風などの攪乱による葉の落下，窒素固定菌（根粒菌など）との共生関係の有無，生理生態的戦略（窒素濃度を高めて成長を早くし植物間の光競争で優位に立つ），葉の固さ（厚さやクチクラ層の有無など）などがある．花や果実などは窒素濃度が高く分解が早いが，枝，幹や樹皮などの木質は分解が遅い．バーグ・マクラルティー（2004）が参考になる．

[鎌内宏光]

2.11 湧水の調査

　東海地方の丘陵地には，斜面に湧水がみられ，里山を流れる小川の水源となっている．この湧水に涵養され，泥炭の堆積がみられない湿地には，トウカイコモウセンゴケ，シラタマホシクサ，シデコブシ，フモトミズナラなど，東海丘陵要素を構成する植物（植田，1989）がみられる．したがって，この湧水の流出量，水温や水質を調べることは，東海地方の自然の成り立ちを考える上で意義がある．
　図 2.30 は日進市岩崎町竹の山地区にある湧水である．宅地造成のため削ら

図 2.30 湧水の採水

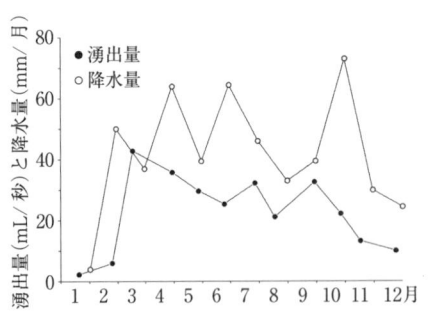

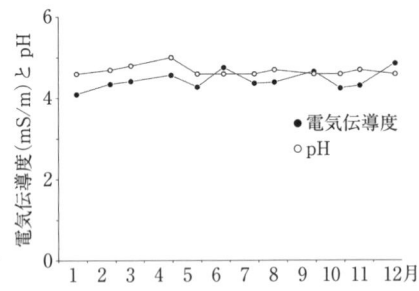

図 2.31 湧水の湧出量の季節変化（2010 年：野崎・各務，2014）

図 2.32 湧水の電気伝導度と pH の季節変化（2010 年：野崎・各務，2014）

れた砂礫の斜面から湧出している．採水を効率的にするために，直径 8 cm，長さ 25 cm のパイプを差し込み，取水口を設けた．湧出する水を一定時間，メスシリンダーで受ければ湧出量の推定ができる．図 2.31 は，湧出量の季節変化である．11 月〜2 月までは低くなり，降水量に影響されていることが示唆される．図 2.32 は電気伝導度と pH の季節変化である．電気伝導度は 4〜5 mS/m，pH は 4〜5 の間で変動し，変動幅はわずかであった．溶存無機態イオンが少なく弱酸性の水質を示している．　　　　　　　　　　［野崎健太郎］

2.12　地下水の調査

地下水は，地中の土や砂礫などの隙間にある水であり，その水により満たさ

2.12 地下水の調査

図 2.33 開放井戸と掘り抜き井戸．左が三重県東員町の民家にある開放井戸，右が三重県菰野町の民家にある掘り抜きの井戸．

れている層が地下水の層となる．地下水は地下水の層の位置によって被圧地下水，不圧地下水，宙水に大きく分類される．地下水は流動し，その流れは帯水槽内の地下水面勾配あるいは被圧圧力水頭勾配による．

地下水調査では水質と水量および流動が対象となるが，一般的には井戸の水位調査が中心となる．現在，水道が普及して井戸が少なくなっており，井戸の分布の資料も限られていることから，広域な地下水流動を把握するためには，対象流域で聞き取りをしながら井戸を探すこととなる．昔からの住宅や農家，寺社などに残っていることが多いが，調査に際しては必ず持ち主に許可を得てから行う．

井戸の種類は主に開放井戸と掘り抜き井戸に分けられる（図 2.33）．開放井戸の場合は井戸蓋がない，あるいは開く場合には地下水位の測定が可能だが，測定器が井戸の中に入れられない場合や掘り抜き井戸は，水質のみを測ることになる．なお，採水をポンプで汲み上げて行う場合には，管に残っている地下水を採水しないためにある程度流してからとるようにする注意が必要である．また，直接採水する場合水面近くではなく，できる限り地下水の流れのある深度をとるのが望ましい．

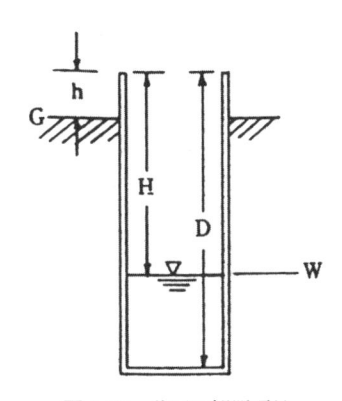

図 2.34 井戸の観測項目
G：標高（地盤高），h：井戸枠の高さ，H：井戸枠から水面までの高さ，D：井戸枠から井底までの高さ，W：地下水面(G, h, H より求める）

地下水位は，水面計で井戸枠から水面までの高さを測定し，同時に地面から井戸枠の高さ，井戸枠から井戸底までの高さ，井戸枠の内径と外径を測定する（図2.34）．また，地下水位は標高で整理するので，井戸の位置や地盤の高さも注意し，きちんと記録する．この測定から地下水位を算出し地下水面図を作成するが，正確な地盤高度は都市計画図などの大縮尺から読み取るのが一般的なので，市町村役場などで入手しておく．

井戸は個人所有あるいは共同で大切に管理・使われているものなので，井戸内にものを落とさないよう注意したり，調査後は必ず原状にきちんと戻すことが大切である． [谷口智雅]

●コラム● 沿岸域での海底地下水湧出比抵抗探査

陸域から海域への水・物質移動について河川水と地下水を比較すると，地下水による水の輸送量は河川水の数%～10%程度にすぎないのに対し，栄養塩の輸送量は河川水の約50%にも及ぶ（谷口，2005）．海底地下水から供給される栄養塩量を評価するには，海底地下水の湧出地点を解明しなくてはならない．しかしながら，陸域のように谷頭部や川底において湧き水という形で目にすることはできないので，比抵抗探査という方法で海底地下水の湧出地点の推定を行う．比抵抗探査にはいくつかの方法があるが，図1に，写真（図2）に示した測定機器で使用するシュランベルジャー法の電極配置を示す．地表に外極A・Bと内極X・Yの4本の電極を設置し電流を流すことにより，外極A・Bと内極X・Yの電位差を見かけ比抵抗値として測定し，その解析から内極X・Yの電位差

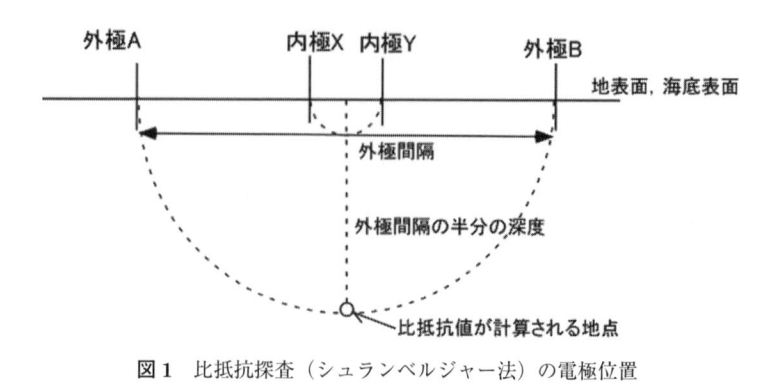

図1 比抵抗探査（シュランベルジャー法）の電極位置

図2 比抵抗探査装置   **図3** 比抵抗探査の様子（三重県白塚海岸）

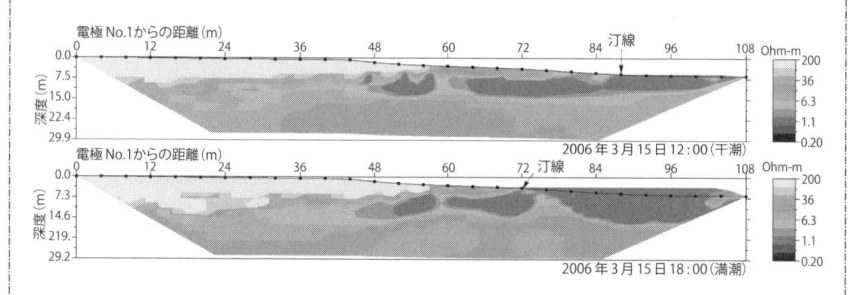

図4 比抵抗探査の結果の例

の中間地点の地下（外極間隔の半分の深度）の比抵抗値を求めていく．使用している機器は，防水ケーブルに28個の電極がついており，これらを4つずつ組み合わせて内極の電極間隔を1〜10 mの任意の間隔に設定することにより，深度別に136地点について自動測定を行うことができる．一般に比抵抗値は，地質構造，乾湿の状態などで異なってくる．図3の写真は，三重県津市北部に広がる白塚海岸で実施した比抵抗探査の様子である．この付近の海岸および沿岸域海底の沖積層は，多少の粘土やシルト層があるものの，ほとんどが砂質の層で，地質的な影響での比抵抗値の差が小さい．したがって，陸域からの淡水地下水と，海域から侵入する海水との塩淡の分布が，比抵抗値として反映される．

図4は，海岸から沖合50 m付近にかけて実施した比抵抗探査の結果を示したものである（Miyaoka, 2007）．比抵抗値が高い淡水成分が多いところと，比抵抗値が低い海水成分の多いところの分布状況がはっきりとわかる．地下から海底に向かって舌状に比抵抗値の低い領域が延びているところが数か所で認められ，その部分で海底から地下水が湧出していることが推定できる．また，湧出する場所は干潮時と満潮時で湧出形態が異なることがわかる．とくに満潮時には，干

潮時と比べて，深層に侵入した海水の層に遮られるように淡水の地下水が汀線付近の海底から湧出している．このことは，海水が侵入した層が壁のように立ちはだかり，陸域から海に向かう地下水の流れが抑えられるため，流動方向を遮られた地下水が海岸線付近で強制的に地下から海底に湧出させられていることを示すものである．地下水の水量や水質も季節によって変化する場合があるので，さまざまな条件を留意しながら実施していく必要がある． ［宮岡邦任］

3. 水の化学分析

本章で紹介する分析法は,『上水試験方法』(日本水道協会, 2011),『水の分析第3版』(日本分析化学会北海道支部, 2007)に準じているが,これまでの経験から多少改変を加えている場合もあるので,必要に応じて文献を参照して頂きたい.

3.1 水の保存

試水(化学分析に用いる水)は,成分が変化しないように配慮し,実験室まで運搬し,水質分析が行われるまで保存しなければならない.

3.1.1 試料採取前
(1) 採水容器の決定

試料は,プラスチック製の瓶,タンクに入れる.ただし,水質項目によっては褐色瓶やガラス容器を用いるなどと注意が必要である.瓶は $100 \sim 500\,mL$,タンクは $5 \sim 10\,L$ の容量がよく用いられる.研究で必要となる項目の一覧表を作成し,それを確認しながら容器の種類や容量を決める.多項目を分析する際は,必要量を合算するとともに,再実験も考慮し,採水量を決める.容器は,必要となる数よりも数本多めに用意する.

(2) 現場での薬品の添加の確認

分析項目の一覧表から,現場での薬品添加の有無を確認する.試料数と添加する薬品量から必要量より多めに薬品を準備する.

(3) 運搬方法の決定

試料数と容器の大きさから,現場から実験室まで試料を運ぶ箱の大きさを決

める．運搬箱には，市販のクーラーボックスや発泡スチロールの箱を用い，保冷と直射光が当たらない工夫をする．

3.1.2　試料採取時および採取後
(1)　実験室での保存方法の確認と保存場所の整理
　試水は，分析に供するまで保存する必要がある．保存方法を調査に行う前に確認し，場所は事前に整理しておく．
(2)　採取とラベル貼付
　河川水の試料は，代表的な値を得る場合には，なるべく流心に近い地点で表層水を採取する．研究目的によっては岸辺，あるいは横断的，鉛直的に採取を行う．最初に少し水を入れ，その水で瓶内を洗浄する（とも洗い）．続いて測定に用いる試料を採取する．試料を入れた容器には，地点名，日時などを記したラベルを必ず貼り付ける．
(3)　薬品添加
　現場で薬品を添加する必要のある水質項目については，採取後，速やかに薬品を添加する．
(4)　実験室に搬入
　調査地から実験室まで適切な運搬，保存方法にて輸送する．
(5)　試料の保存
　実験室にて速やかに水質分析を行うことが大切であるが，ただちに分析ができなければ，薬品添加やろ過を行い，冷蔵もしくは凍結保存する．本書で紹介している水質項目について，表 3.1 に適した容器の種類，採取量，添加薬品の有無，試料保存期間を事例として示した．
(6)　試料のろ過
　溶存物質を測定する試料は必ずろ過を行う．アンモニア態，亜硝酸態，硝酸態窒素およびリン酸態リンを測定する試料は，ガラス繊維ろ紙（直径 47 mm，Whatman 社 GF/F や ADVANTEC GF-75）でろ過した後に分析あるいは凍結保存する．ケイ酸を測定する試料は，紙ろ紙（セルロース製など）でろ過した後に冷蔵保存する．ケイ酸は凍結すると結晶となり，解凍した後も結晶が溶けにくく，分析に支障が出るためである．

表 3.1 採水時に注意する，各水質項目の容器の種類，採水量，添加薬品の有無，試料保存期間

	溶存酸素	濁りと色	COD	BOD	強熱減量
採水容器の種類	酸素瓶（ガラス）	ガラス瓶またはプラスチック製瓶	ガラス瓶またはプラスチック製瓶	酸素瓶（ガラス）	ガラス瓶またはプラスチック製瓶
目安の採水量（mL）	200 mL	100 mL	100 mL	300 mL	100 mL
保存方法	暗所・冷蔵	暗所・冷蔵	暗所・冷蔵	暗所・冷蔵	暗所・冷蔵または冷凍
添加薬品	あり				
試料保存期間	ただちに薬品で固定して5～6時間以内	採水当日	採水翌日まで	採水当日	2週間以内

	窒素				リン		ケイ酸
	アンモニア態	亜硝酸態	硝酸態	全窒素	リン酸態リン	全リン	
採水容器の種類	ガラス瓶またはプラスチック製瓶	ガラス瓶またはプラスチック製瓶	ガラス瓶またはプラスチック製瓶	ガラス瓶またはプラスチック製瓶	ガラス瓶	ガラス瓶	プラスチック製瓶
目安の採水量（mL）	250 mL	10 mL	200 mL	50 mL	100 mL	50 mL	50 mL
保存方法	暗所・冷蔵	暗所・冷蔵	暗所・冷蔵	暗所・冷蔵	暗所・冷蔵	暗所・冷蔵	暗所・冷蔵
添加薬品	あり				あり	あり	
試料保存期間	採水翌日まで	採水翌日まで	採水翌日まで	1週間以内	採水翌日まで	1週間以内	1か月以内
	ろ過後，−20℃以下で冷凍保存することで長期保存が可能						

3.2 水質分析を始める前に

3.2.1 器　具

(1) 必要となる器具の準備

　JIS（日本工業規格）認可を受けた器具を選ぶこと．

(2) 器具の洗浄

　水質分析をする際，もっとも注意しなければならないことの1つが，不純物

による汚染（コンタミ）である．測定する濃度が1mg/L程度であることを意識し，コンタミの防止に細心の注意を払う．コンタミの主な原因の1つとして，器具に不純物が付着していることが挙げられる．そのため，器具の洗浄方法や洗浄で用いる水について注意が必要である．

物理的な洗浄には，洗剤とブラシやスポンジを用いる方法，洗剤と超音波洗浄機を用いる方法がある．汚れがひどい場合には，水道水に洗剤もしくは塩酸や硝酸（約6mol/L）を混ぜ，つけ置きしてから洗浄する方法もある．

洗剤や薬品で洗浄した器具は，まず多量の水道水でそれらを洗い流す．その後，分析項目に応じて，精製水（蒸留水）もしくは超純水を多量に用いて器具を洗う．その際，洗浄瓶を用いると容易に器具類が洗浄できる．

水道水は，器具を水洗いする第1段階で用いる．電気伝導度から明らかであるが，水道水には無機態イオンなどの溶存物質が含まれるため，水道水のみで洗浄された器具を用いるのは汚染の原因となる．精製水は水道水をイオン交換膜に通し，イオン類を除去した後，蒸留により有機物類を除去した水である．水質分析を行う際には，ほとんどの水質項目でこの水を用いてもよいが，測定対象となる物質の濃度が低濃度であれば，精製水では不十分である．超純水は，精製水をさらに処理し，水中の不純物を取り除いた水である．処理方法としては，逆浸透膜，活性炭処理，メンブランフィルター処理が挙げられる．

(3) 器具の取り扱い

容積を大まかに量り取る場合にはメスシリンダーやゴム球の付いた駒込ピペットを用いる．容積を正確に量り取る場合には，メスフラスコやメスピペット，ホールピペット，各種の体積計，分注器を用いる．1mL以下の容積を正確に量り取るにはマイクロピペットが便利である．ピペット類やメスシリンダー，メスフラスコなどの容積を量り取る器具を使用する場合には，目的の標線と目の高さを一致させ，液面の下端で読むようにする．容積を量り取る際に，決してビーカーに付いている標線を用いてはいけない．

ピペット類は細く，壊れやすいため使用する際には注意を要する．とくに，ピペットに強い力をかける場合には折れて，その先端が皮膚を裂傷する恐れがある．また，ピペットによる汚染を防ぐため，先端が他のガラス器具や机，体などに触れないようにする．

3.2.2 薬品の取り扱い

水質分析には試薬（化学薬品）を用いる．試薬は，主に専門の業者から購入することになる．劇物，毒物も多く，それらは，排気装置が備えられたドラフトチャンバーでの使用が望ましい．加えて，劇物，毒物は，鍵が付き耐震対策のとられた薬内品庫で保管し，その使用量について厳密に管理を行う．

3.2.3 服　装

塩酸や硫酸などの劇物が衣服に付着することを防ぐために，白衣を着て実験を行うことが望ましい．さらには，防護（安全）眼鏡やマスクなどを用いて，薬品が体内に入るのを防ぐことが求められる．不安定なサンダルやハイヒールは避け，安全に動きがとれる靴を履く．靴に泥が付着していると，実験室の汚染原因になるため，マットで泥を払ってから実験室に入るか，実験室専用の靴に履き替える．

3.2.4 廃液の処理

実験後には，強酸・強アルカリ，毒物，重金属などが混入した廃液が出る．そのまま公共用水に流すことは禁止されているので，専用の廃液ポリタンクに分別して回収し，それぞれの事業所の管理にしたがって処理する．

3.2.5 緊急時の事故対応

薬品事故を未然に防ぐためには，それぞれの薬品を安全に取り扱うための情報が記してある化学物質安全性データシート（MSDS）を活用する．事故が発生した場合は，まず状況を確認した上で身の安全を確保し，周囲に助けを求める．地震などによる落下事故の発生を防ぐために，耐震措置も必要である．

3.3　分　析　法

3.3.1 重　量　法

重量法は，物質の質量を正確な天秤で測定する方法である．懸濁物質量（SS）や強熱減量（AFDW または M）で用いる．重量法は，分析精度が天秤の精度

に依存するため，測定可能な桁数を十分に検討する必要がある．

3.3.2 容量法

容量法は，測定に用いた化学薬品の容量から，対象物質の濃度を算定する方法であり，溶存酸素（DO），生物化学的酸素要求量（BOD），化学的酸素要求量（COD）の算定などで用いる．一般的には，化学薬品を用いて試料を発色させ，ビュレットにより化学薬品を滴下し，変色するまでの薬品量より濃度を算定する滴定で行う．

3.3.3 吸光光度法

吸光光度法は，光の波長と色との関係を利用した方法であり，分光光度計を用いて測定する．光は波長により吸収する色特性が異なる．この原理を利用して，測定対象物質のみを化学薬品により発色し，特定の波長を用いて光の吸収量を測定し，その値より濃度を算定する．吸光光度法を行う際，未知の濃度試料に対して光吸収量を測定し，その値を標準溶液で作成した検量線（吸光度と濃度の関係）に照らして濃度を算出する（図 3.1）．

標準溶液は，粉末や粒状の試薬（特級）を精製水に溶かして自分で調製することになるが，試料数がそれほど多くないのであれば，調整済みの液体標準液を用いることを勧める．標準液は時間の経過とともに変化していくので使用期

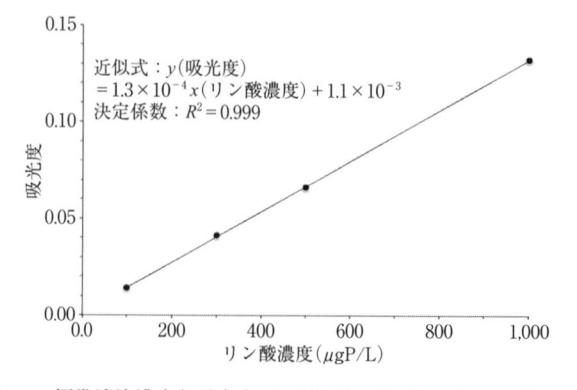

近似式：y(吸光度) $= 1.3 \times 10^{-4} x$(リン酸濃度) $+ 1.1 \times 10^{-3}$
決定係数：$R^2 = 0.999$

図 3.1 標準溶液濃度と吸光度の関係と検量線（リン酸を例として）

限に注意し，少なくとも製造後1年以上経過したものは廃棄する．

　標準液から検量線を作成する際，その設定濃度を厳密に守る必要がある．それは，検出が不可能な低濃度を測定することは分析原理上もしくは分析機器の性能上不可能な場合があり，設定以上の高濃度は，吸光度と濃度との関係が適正濃度関係とは異なるためである．たとえば，リン酸濃度の検量線は，0.04 mgP/L から 1.0 mgP/L の範囲内で測定しなければならないが，この値を超えて測定すると吸光度値が検量線での値よりも小さくなり，値を過小評価することになる．

3.3.4　ヒトの感覚
　臭い（嗅覚）や色（視覚）で水の状態を把握する．試料の状態をまず把握する方法としてヒトの感覚を用いることは大切である．

3.4　溶　存　酸　素

　溶存酸素（DO）は水中に溶け込んだ酸素であり，重量（mgO_2/L）や飽和酸素量に対する百分率（％）で表す．溶存酸素濃度は，呼吸を通じて水生生物の生息に影響を与えるばかりでなく，酸化還元反応を通じて化学物質の形態変化にも影響を及ぼし，水環境を調査する上でもっとも重要な指標の1つである．酸素が存在する状態を好気(こうき)，存在しない状態を嫌気(けんき)と呼び，代謝過程が異なる微生物群集が発達するため水質も異なる．

　水が大気と接触していると，大気から水中へ酸素ガスが移動するため，溶存酸素は増加するが，水温により溶け込める飽和量が決まっている．ただし，水草や藻類の光合成が活発に行われると溶存酸素が過飽和となり，飽和度が100％を超えることがある．一方で溶存酸素は，水生生物の呼吸により減少する．とくに，腐敗しやすい有機物の流入が増えると，微生物がそれを分解するために溶存酸素を消費し，濃度が 3 mg/L 以下となるような貧酸素環境になりやすい．測定方法には，溶存酸素計を用いる方法（隔膜電極法，蛍光法等）と，滴定による容量法であるウィンクラー法がある．本書では，有機物が多い水域でも対応できるウィンクラー・アジ化ナトリウム変法を紹介する（図 3.2）．

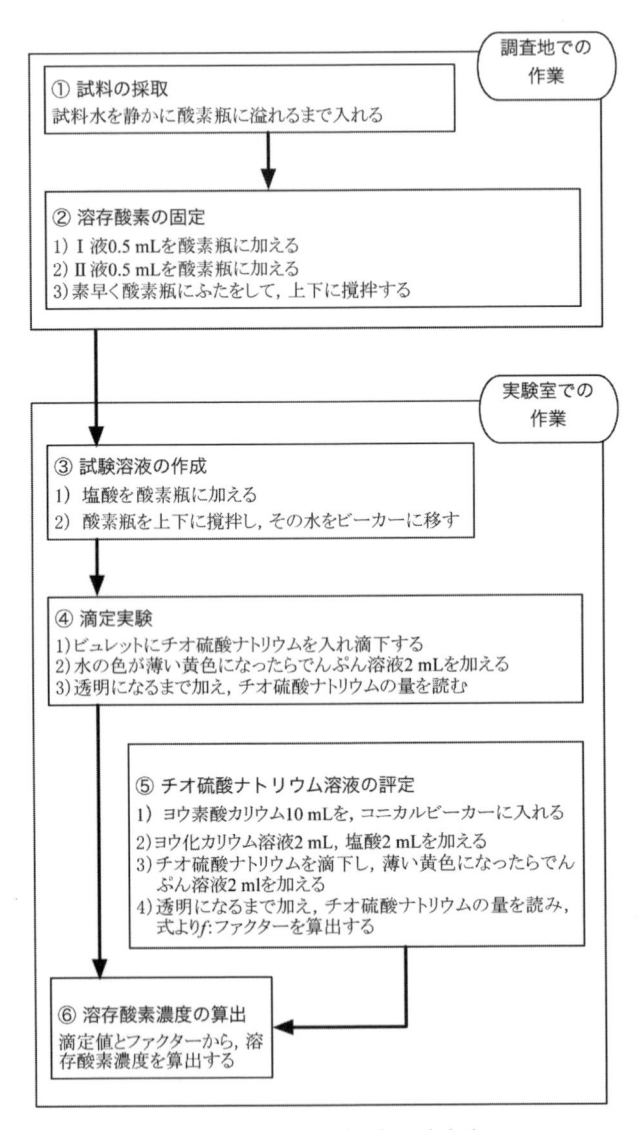

```
┌─────────────────────────────────────────┐  ┌──────────┐
│ ① 試料の採取                            │  │ 調査地での│
│   試料水を静かに酸素瓶に溢れるまで入れる│  │   作業   │
└─────────────────────────────────────────┘  └──────────┘
                    ↓
┌─────────────────────────────────────────┐
│ ② 溶存酸素の固定                        │
│  1) I液0.5 mLを酸素瓶に加える           │
│  2) II液0.5 mLを酸素瓶に加える          │
│  3) 素早く酸素瓶にふたをして, 上下に撹拌する│
└─────────────────────────────────────────┘
                    ↓
                                             ┌──────────┐
                                             │ 実験室での│
                                             │   作業   │
                                             └──────────┘
┌─────────────────────────────────────────┐
│ ③ 試験溶液の作成                        │
│  1) 塩酸を酸素瓶に加える                │
│  2) 酸素瓶を上下に撹拌し, その水をビーカーに移す│
└─────────────────────────────────────────┘
                    ↓
┌─────────────────────────────────────────┐
│ ④ 滴定実験                              │
│  1) ビュレットにチオ硫酸ナトリウムを入れ滴下する│
│  2) 水の色が薄い黄色になったらでんぷん溶液2 mLを加える│
│  3) 透明になるまで加え, チオ硫酸ナトリウムの量を読む│
└─────────────────────────────────────────┘
       ┌─────────────────────────────────────────┐
       │ ⑤ チオ硫酸ナトリウム溶液の評定          │
       │  1) ヨウ素酸カリウム10 mLを, コニカルビーカーに入れる│
       │  2) ヨウ化カリウム溶液2 mL, 塩酸2 mLを加える│
       │  3) チオ硫酸ナトリウムを滴下し, 薄い黄色になったらでん│
       │     ぷん溶液2 mlを加える                │
       │  4) 透明になるまで加え, チオ硫酸ナトリウムの量を読み,│
       │     式より f: ファクターを算出する       │
       └─────────────────────────────────────────┘
                    ↓                    ↓
┌─────────────────────────────────────────┐
│ ⑥ 溶存酸素濃度の算出                    │
│   滴定値とファクターから, 溶              │
│   存酸素濃度を算出する                  │
└─────────────────────────────────────────┘
```

図 3.2 溶存酸素 (DO) 測定方法

3.4.1 試 薬

1) 塩化マンガン溶液 (溶存酸素固定用 I 液): 40 g 塩化マンガン四水和物 ($MnCl_2 \cdot 4\ H_2O$) + 0.5 mL 塩酸 (HCl) + 精製水 100 mL.

2) アルカリ性ヨウ化カリウム-アジ化ナトリウム溶液（溶存酸素固定用Ⅱ液）：36 g 水酸化ナトリウム（NaOH）＋10 g ヨウ化カリウム（KI）＋2 g アジ化ナトリウム（NaN_3）＋精製水 100 mL．

3) 0.0125 mol/L チオ硫酸ナトリウム溶液：6.2 g チオ硫酸ナトリウム五水和物（$NaS_2O_3 \cdot 5H_2O$）を精製水に溶かし 1 L にする．5 L 程度まとめて調製し，ポリタンクで保存する．

4) 8.33 mmol/L ヨウ素酸カリウム標準溶液：100℃で 4 時間乾燥させた 1.783 g 特級ヨウ素酸カリウム（KIO_3）を精製水に溶かし 1 L にする（メスフラスコ使用）．褐色瓶に入れ冷蔵庫で保存する．

5) ヨウ化カリウム溶液：50 g KI（ヨウ化カリウム）を精製水に溶かし 100 mL にする．

6) 6 mol/L 塩酸：市販の塩酸は 12 mol/L なので精製水で半分に希釈する．

7) 10 g/L でんぷん溶液：1 g 可溶性でんぷん（溶けにくいものもある）を熱湯 100 mL で溶かす．

3.4.2 試料の採取

持ち物

　酸素瓶（フラン瓶ともいう）100 mL（1 地点につき 2〜3 本），手付きポリビーカー（1 L），注射器 1 mL×2 本，溶存酸素固定Ⅰ液およびⅡ液，野帳（野外ノート），水温計

手　順

1) 調査地の水を手付きポリビーカーで静かにすくい取る．泡立つと酸素が変化する．ポリビーカーに入った水を泡立てないよう静かに酸素瓶へあふれるまで入れる．

2) 最初にⅠ液 0.5 mL を注射器で酸素瓶の水に加える．続いてⅡ液 0.5 mL を酸素瓶の水に加える．ここで沈殿が発生する．

　＊注射器（シリンジ）はⅠ液専用とⅡ液専用に必ず区別しておくこと．混ぜて用いると注射器の中に沈殿が発生し目詰まりを起こす．

3) 素早く酸素瓶にふたをして，上下に攪拌しながら水と試薬をよく混ぜ合わせる．

4) 酸素瓶に印刷されている番号を野帳に記録する．調査地の水温と測定時刻を野帳に記録する．
5) 酸素瓶を立てたまま直射日光が当たらないように注意して実験室に持ち帰る．

3.4.3 実験室での滴定
器　具

　25 mL ビュレット，ビュレット用スタンド，250 mL コニカルビーカー，2 mL 駒込ピペット（2本），ピペット用のゴム球（2個），100 mL ガラスビーカー（2個），ロート，実験ノート

手　順

1) 100 mL ガラスビーカー 1 個に可溶性でんぷんの溶液をつくる．もう 1 つの 100 mL ガラスビーカー 1 個にチオ硫酸ナトリウム溶液を小分けにする．
2) 酸素瓶の底に沈殿した水酸化マンガンを乱さないように並べる．駒込ピペットを使い 6 mol/L 塩酸を酸素瓶の底に静かに加える．
3) 酸素瓶にふたをして，上下に攪拌しながら水と塩酸をよく混ぜ合わせる．びんの中は，沈殿が溶けて褐色で澄んだ水になる．
4) ビュレットにビーカーからチオ硫酸ナトリウムをロートで移し目盛を小数点以下 2 桁まで読み，実験ノートに値を記載する．
5) 酸素瓶の中の褐色の水をコニカルビーカーに移す．酸素瓶をよく精製水で洗い，その水もコニカルビーカーに移す．
6) コニカルビーカーをビュレットの下に置き，チオ硫酸ナトリウムを少しずつ滴下する．コニカルビーカーを振りながら水の色が薄い黄色になるまで滴下を進める．
7) 0.1 g/L 可溶性でんぷん溶液 2 mL をコニカルビーカーに加える．紫色を呈する．続いて紫色が消えるまで慎重に（数滴ずつ）滴下を進め，透明になったら止める．
8) 滴下したチオ硫酸ナトリウムの量をビュレットの目盛で小数点以下 2 桁まで読む．読み取った値を実験ノートに記録する．

3.4.4 チオ硫酸ナトリウム溶液の標定

　作成したチオ硫酸ナトリウム溶液は，さまざまな誤差要因によって正確な 0.0125 mol/L の濃度になっていない．たとえば，重量を測定する時に少し多めに，あるいは少なめに入れてしまった，保存中に水の蒸発が起き濃度が変化した，などである．そこで，どれくらい誤差があるのかを確かめる必要がある．これを標定（標準を定める）という．

器　具

　25 mL ビュレット，ビュレット用スタンド，250 mL コニカルビーカー，10 mL ホールピペット，2 mL 駒込ピペット (3 本)，ピペット用のゴム球 (3 個)，100 mL ガラスビーカー (2 個)，ロート，実験ノート

手　順

1) 冷蔵庫から保存しておいた 8.33 mmol/L ヨウ素酸カリウム標準溶液のびんを取り出す．ホールピペットでヨウ素酸カリウム溶液 10 mL を取り，コニカルビーカーに入れる．

2) ヨウ化カリウム溶液 2 mL を駒込ピペットでコニカルビーカーに加える．続いて 6 mol/L 塩酸 2 mL を駒込ピペットでコニカルビーカーに加える．濃い褐色を呈する．

3) コニカルビーカーをビュレットの下に置き，チオ硫酸ナトリウムを少しずつ滴下する．コニカルビーカーを振りながら水の色が薄い黄色になるまで滴下を進める．

4) 10 g/L 可溶性でんぷん溶液 2 mL をコニカルビーカーに加える．紫色を呈する．続いて紫色が消えるまで慎重に（数滴ずつ）滴下を進め，透明になったら止める．

5) 滴下したチオ硫酸ナトリウムの量をビュレットの目盛で小数点以下 2 桁まで読む．読み取った値は実験ノートに記録する．1)〜5) を 3〜5 回繰り返し平均値を求める．

6) 平均値を以下の式に代入して誤差（f：ファクターと呼ぶ）を算出する．

$$f = \frac{(0.05/6) \times 10 \times 3}{0.0125 \times x} = \frac{20}{x}$$

ここで，x：滴定値の平均値（mL）

表 3.2 水中の溶存酸素飽和量（mgO$_2$/L：1013 hPa, 酸素 20.9％，水蒸気飽和大気中）．上水試験法（日本水道協会，2011）表 IV-1-15 より抜粋．

t (℃)	0	10	20	30
0	14.16	10.92	8.84	7.53
1	13.77	10.67	8.68	7.42
2	13.40	10.43	8.53	7.32
3	13.04	10.19	8.39	7.23
4	12.70	9.97	8.25	7.13
5	12.37	9.76	8.11	7.04
6	12.06	9.56	7.99	6.95
7	11.75	9.37	7.87	6.86
8	11.46	9.18	7.75	6.77
9	11.19	9.01	7.64	6.68

もし完璧に作製されたチオ硫酸ナトリウムであれば誤差はないので $f=1$ となる．一方，$x=19.95$ mL であれば，$f=20/19.95=1.003$ となる．小数点以下3桁まで算出する．ファクターは2～3か月に1回定めればよい．ただし気温が高い時期は蒸発が盛んになり濃度が変化するので使用するたびに標定を行ったほうがよい．

3.4.5 溶存酸素濃度の算出

滴定値と決定したファクターを用いて，以下の式で溶存酸素濃度を小数点以下2桁まで算出する．

$$\mathrm{DO(mg/L)} = a \times f \times \frac{1000}{V-1} \times 0.2$$

ここで，

a：チオ硫酸ナトリウム溶液の滴定値
f：チオ硫酸ナトリウムのファクター
V：用いた酸素瓶の容量（mL）
1：I 液(0.5 mL) + II 液(0.5 mL)の量(mL)
1000：mL から L への単位換算のための係数

3.4.6 溶存酸素濃度の飽和度の算出

酸素が水に溶ける量は，水温に関係している．水温が低ければ多くの酸素が

溶け濃度が上昇し，高いと濃度は低下する．一般的に低い水温を好む水生生物は，生活に多くの酸素を必要とし，高温に耐える生物は，低濃度の酸素に耐える機能を持っている．このため，水域の健康度を溶存酸素で表す場合には，濃度と飽和度の算出が必要となる．

飽和度（Saturation：％）

$$= \frac{調査地点の溶存酸素濃度(mg/L)}{調査地の水温から想定される飽和溶存酸素濃度(mg/L)} \times 100$$

水温から想定される飽和溶存酸素濃度は，一覧表にまとめられている（表 3.2）．試料に塩化物イオンが 100 mg/L を超える高濃度で含まれる場合は，その濃度に合わせて補正が必要になる．

3.4.7 事　例

測定事例を図 3.3 に示した．太陽光と大気に接し，水温が大きく季節変化する油ヶ淵や矢作川では，溶存酸素濃度は高水温になる夏期に低下するが，光合成により異常に高くなる傾向を示した．太陽光と大気の影響が小さく，水温変化が少ない湧水では濃度は低く季節変化も明確ではなかった．

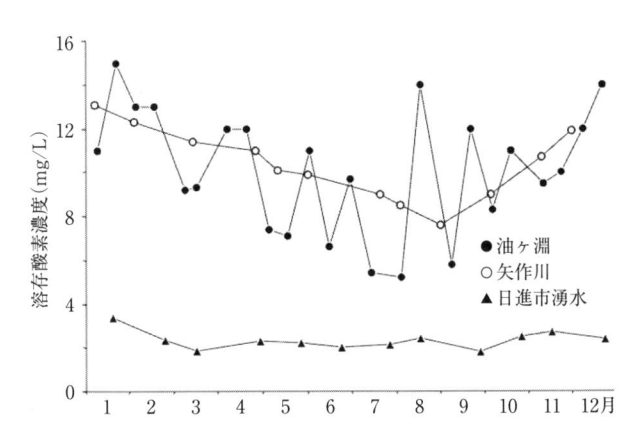

図 3.3 油ヶ淵（碧南市および安城市：愛知県 web site 公共用水域の調査結果），矢作川（岩津天神：愛知県 web site 公共用水域の調査結果）および日進市の湧水（野崎・各務，2014）における溶存酸素濃度の季節変化．

3.5 濁りと色

濁りや色は水域の状態を判断する簡単な方法の1つである．水に含まれている物質は，溶けている溶存態，溶けていない懸濁態に区別され，濁りの原因は懸濁態成分，着色は溶存態である場合が多い．濁りや色の原因物質として，砂やシルトの鉱物由来の無機成分が挙げられる．また，落ち葉や土壌などの陸域由来の有機成分や，水生植物や水生動物の遺骸が分解された有機成分も，濁りや色を生じさせる物質である．濁りの指標としては，透視度，透明度，濁度などがあり，透視度，透明度については測定機器を用いて現場にて測定する．本書では，濁りの指標の1つでもある懸濁物質(SS)の測定方法について記す（図3.4）．

```
┌─────────────────┐      ┌──────────────────────┐
│ ① 試料の採取     │      │ ② ろ紙重量の測定      │
│ 試水を振り混ぜて  │      │ 1) ろ紙を水洗いし，   │
│ 適量をとる       │      │    105～110℃で1時間   │
│                 │      │    乾燥させる         │
│                 │      │ 2) 放冷した後，ろ紙の │
│                 │      │    乾燥重量を測定する │
└────────┬────────┘      └──────────┬───────────┘
         │                          │
         └────────────┬─────────────┘
                      ▼
         ┌─────────────────────────────────┐
         │ ③ 試料のろ過，ろ紙の乾燥          │
         │ 1) 試料をろ過器に注ぎ入れ吸引ろ過する │
         │ 2) ろ過後のろ紙を105～110℃で2時間   │
         │    乾燥させる                     │
         └────────────────┬────────────────┘
                          ▼
         ┌─────────────────────────────────┐
         │ ④ ろ過後のろ紙重量の測定           │
         │ 放冷した後，ろ紙の乾燥重量を測定し， │
         │ ろ過前後のろ紙重量差より懸濁物質量   │
         │ を算出する                        │
         └─────────────────────────────────┘
```

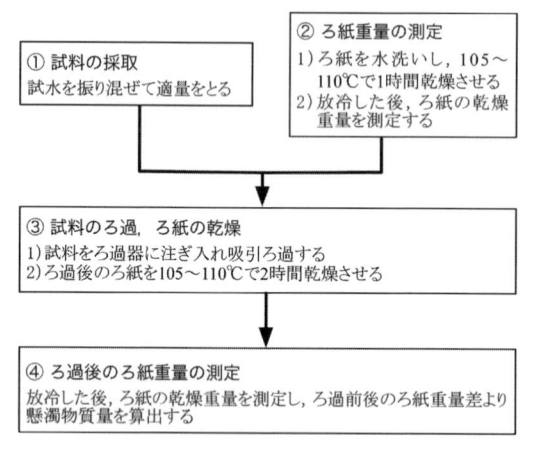

図 3.4 懸濁物質（SS）測定方法

3.5.1 懸濁物質の分析方法
器 具

1000 mL メスシリンダー，乾燥器，ガラス繊維ろ紙（φ47 mm，Whatman DF/F，ADVANTEC GS-25 など），ピンセット吸引ろ過器，吸引ポンプもしくはアスピレーター，天秤

手　順

1) 試水を振り混ぜてメスシリンダーに適量（V mL）をとる．
2) ろ紙を精製水で水洗いし，105〜110℃で1時間乾燥させる．放冷した後，ろ紙の乾燥重量（a mg）を測定する．ろ紙の取扱いはピンセットを用いる．
3) 試料をろ過器に注ぎ入れ吸引ろ過する．精製水で容器を洗浄し，その洗浄水もろ過器に入れろ過する．2〜3回繰り返す．適量の目安は，平水時の矢作川中流（透視度150 cm 以上）であれば1000〜2000 mL である．ろ過量は必ず実験ノートに記録する．
4) ろ過後のろ紙は，105〜110℃で2時間乾燥させる．放冷した後，ろ紙の乾燥重量（b mg）を測定し，以下の式を用いて算出する．

$$懸濁物質量(\mathrm{mg/L}) = \frac{(b-a) \times 1000}{試料水量(V\,\mathrm{mL})}$$

3.5.2　水色と色度

水道法において，「色（水色）」はスペクトル組成の異なる光に対して視覚が感じる色調であり，「色度」は比色法もしくは透過光測定法によって測定される値である．「水色」は，水を無色透明の容器にいれて観察し，色の種類や濃さをなるべく具体的な表現で記述する．あるいは，フォーレル水色標準液（一般的な湖沼用）やウーレ水色標準液（泥炭地・湿原地などの腐食質を含む茶褐色水用）を用いて比色法により「色」を数字で表示する．

色度は色度計や分光光度計390 nm 波長での吸収によって測定する．数値化は標準溶液との比較で行う．色度1度とは，水1 L に塩化白金酸カリウム中の白金（Pt）1 mg および塩化コバルト中のコバルト（Co）0.5 mg を含むときの呈色に相当するものである．

3.5.3　事　例

図3.5は豊田市中心部を流れる初陣川において，2009年12月5日の降雨時に採水した試料のSSおよび河川流量を示している．これによると，SS濃度は河川流量の増加とともに大きくなっており，最大SS濃度は平水時に比べ150倍近く増加しており，河川流量によりSS濃度が大きく変動することがわ

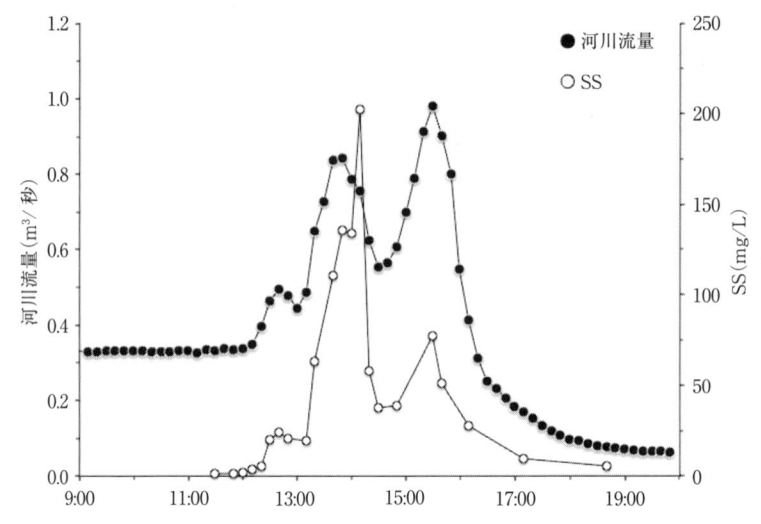

図 3.5 豊田市中心部を流れる初陣川の降雨時（2009 年 12 月 5 日）の流量と SS の変化（松本ほか，2012）．

かる．

3.6 化学的酸素要求量

　化学的酸素要求量（COD）は，水中の有機物量を把握する指標の 1 つである．試水に強力な酸化剤を加え加熱することで有機物を化学分解し，酸化剤の消費量から算出する．COD の値を高くする有機物の発生源としては，人間活動に由来する生活排水や工場排水，自然に由来するプランクトンや生物遺骸が挙げられる．そこで COD は水の有機汚濁の指標と位置づけられており，止水域である湖沼と海の水質基準項目となっている．COD には複数の測定法があるが，本書では，100℃（沸騰浴中）における過マンガン酸カリウム（$KMnO_4$）消費量について記述する（図 3.6）．

3.6.1　試　薬
1）　硝酸銀溶液 20 w/v％：100 mL の精製水に 20 g の硝酸銀（$AgNO_3$）を加える．

3.6 化学的酸素要求量

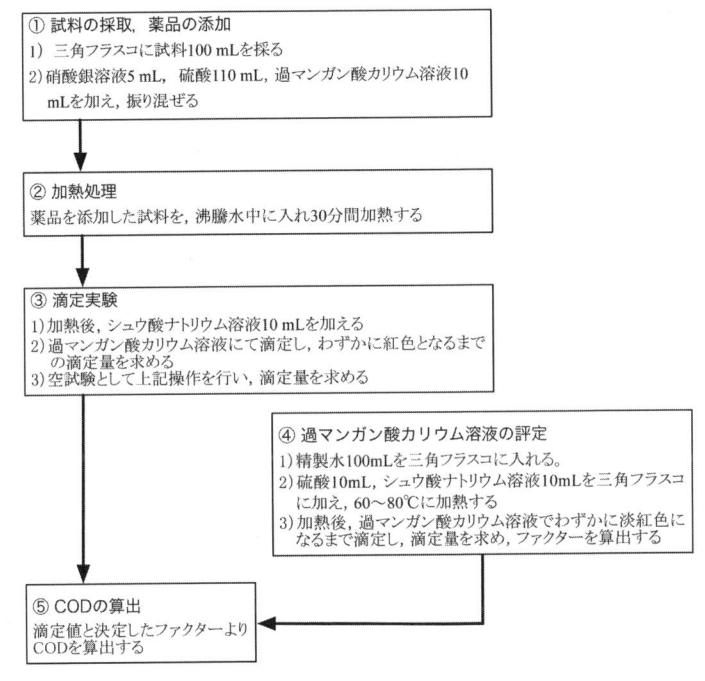

```
① 試料の採取，薬品の添加
 1) 三角フラスコに試料 100 mL を採る
 2) 硝酸銀溶液 5 mL，硫酸 110 mL，過マンガン酸カリウム溶液 10
    mL を加え，振り混ぜる
          ↓
② 加熱処理
 薬品を添加した試料を，沸騰水中に入れ 30 分間加熱する
          ↓
③ 滴定実験
 1) 加熱後，シュウ酸ナトリウム溶液 10 mL を加える
 2) 過マンガン酸カリウム溶液にて滴定し，わずかに紅色となるまで
    の滴定量を求める
 3) 空試験として上記操作を行い，滴定量を求める
          ↓
④ 過マンガン酸カリウム溶液の評定
 1) 精製水 100 mL を三角フラスコに入れる．
 2) 硫酸 10 mL，シュウ酸ナトリウム溶液 10 mL を三角フラスコ
    に加え，60〜80℃に加熱する
 3) 加熱後，過マンガン酸カリウム溶液でわずかに淡紅色に
    なるまで滴定し，滴定量を求め，ファクターを算出する
          ↓
⑤ COD の算出
 滴定値と決定したファクターより
 COD を算出する
```

図 3.6 化学的酸素要求量（COD）測定方法

2) 硫酸 (1+2)：硫酸（H_2SO_4）1 体積に対し精製水 2 体積を加える．たとえば，硫酸 10 mL に精製水 20 mL となる．

3) 過マンガン酸カリウム溶液：過マンガン酸カリウム（$KMnO_4$）0.8 g を大型のガラスビーカーか三角フラスコに入れ，精製水 1 L を加える．試薬の入った容器を沸騰した湯で 2 時間湯せんし，一晩放冷させる．加熱は，家庭用のホットプレートを用い 100℃程度の設定で行ってもよい．ただし，こまめに攪拌する．放冷後，上澄み液をガラスろ過器（G-4）もしくはガラス繊維ろ紙でろ過する．この試薬は，およそ 5 mmol/L 過マンガン酸カリウム溶液となる．作成後は光による変質を避けるために褐色瓶に入れ，暗所で保存する．

4) シュウ酸ナトリウム溶液：シュウ酸ナトリウム（$Na_2C_2O_4$）を 150〜200℃で 1 時間程度乾燥し，デシケーター中で放冷した後，1.675 g をとり，精製水 1 L に溶かし，12.5 mmol/L シュウ酸ナトリウム溶液とする．

3.6.2 過マンガン酸カリウム溶液の標定

作成した過マンガン酸カリウム溶液は，さまざまな誤差要因によって 5 mmol/L の正確の濃度にはなっていない．そこで，評定を行いファクターを求める．

器　具

25 mL ビュレット，ビュレット用スタンド，250 mL 三角フラスコ，10 mL ホールピペット（2 本），ピペット用のゴム球（2 個），100 mL メスシリンダー，100 mL ガラスビーカー（2 個），ロート，温度調整可能な水槽

手　順

1) 精製水 100 mL をメスシリンダーに取り，三角フラスコに入れる．
2) 硫酸(1+2) 10 mL をホールピペットで，12.5 mmol/L シュウ酸ナトリウム溶液 10 mL をホールピペットで三角フラスコに加え，60～80℃に加熱する．
3) この加熱後の三角フラスコをビュレットの下に置き，5 mmol/L 過マンガン酸カリウム溶液を少しずつ滴下する．三角フラスコを振りながら水の色が無色からわずかに淡紅色になるまで滴下を進め，終点とする．
4) 滴下した過マンガン酸カリウムの量をビュレットの目盛で小数点以下 2 桁まで読む．読み取った値は実験ノートに記録する．
6) 値を以下の式に代入して誤差 f を算出する．

$$f = \frac{10}{x}$$

ここで，x：滴定値（mL）

3.6.3 実験室での測定

器　具

250 mL 三角フラスコ（2 個），100 mL メスシリンダー，10 mL メスピペット（4 本），ピペット用のゴム球（2 個），25 mL ビュレット，ビュレット用スタンド，温度調整可能な水槽，ロート，実験ノート

手　順

1) 250 mL 三角フラスコにメスシリンダーにて試料 100 mL をとる．硝酸銀溶液 5 mL と硫酸 10 mL，過マンガン酸カリウム溶液 10 mL をそれぞれメスピ

ペットで加え，振り混ぜる．
2) 薬品を添加した試料を，沸騰水中に入れときどき振り混ぜながら 30 分間加熱する．その際，フラスコの液面は水面下，底は水槽の底につかないように注意する．加熱は家庭用ホットプレートを用いてもよい．ただし試水が沸騰しないように注意する．
3) 加熱終了後，シュウ酸ナトリウム溶液 10 mL をメスピペットにて加え振り混ぜる．
4) その後，ビュレットに過マンガン酸カリウム溶液を入れ加熱し，シュウ酸ナトリウムを加えたフラスコをビュレットの下に置く．フラスコを振りながら，溶液がわずかに紅色となるまで滴定し，過マンガン酸カリウム溶液の滴定量（mL：a）を求める．空試験として精製水 100 mL を用いて，上記操作を行い，過マンガン酸カリウム溶液の滴定量（mL：b）を求める．
5) 次式によって試料 1L 中の COD を算出する．

$$COD(mgO_2/L) = (a-b) \times f \times 0.2 \times 1000/V$$

ここで，
 a：試料水の過マンガン酸カリウム溶液の滴定量（mL）
 b：空試験の滴定に用いた過マンガン酸カリウム溶液の滴定量（mL）
 f：5 mmol/L 過マンガン酸カリウム溶液のファクター
 V：試水の量（mL）
 1000：mL から L への換算係数
 0.2：5 mmol/L 過マンガン酸カリウム溶液 1 mL の酸素相当量（mg）

3.6.4 事例

図 3.7 は愛知県によって公表されている，碧南市と安城市の境に位置する油ヶ淵の平成 14 年から平成 24 年の COD 濃度を示している．油ヶ淵は有機汚濁が進んでいる湖沼と認識されているが，COD 濃度は年々減少している傾向にある．ただし，COD 環境基準（B 類型，5 mg/L）は，現在でも達成されていない．

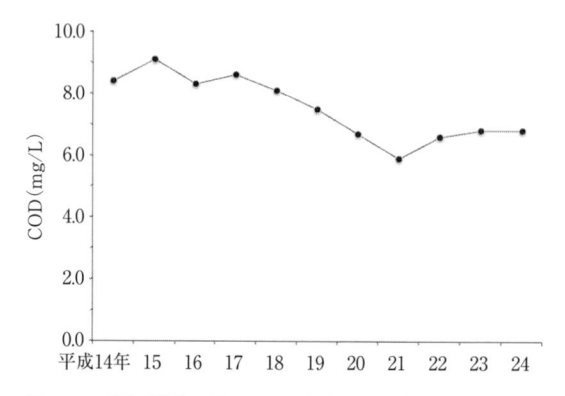

図 3.7 愛知県油ヶ淵の COD 経年変化（平成 24 年度愛知県公共用水域および地下水の水質調査結果）

●コラム● ノンポイント汚染という現実

　湖沼や内湾といった閉鎖性水域の富栄養化問題は指摘されてから数十年が経過しているが，COD 環境基準達成率をみても河川に比べるといまだ低い状況にある．その原因の1つとして，都市域，農地域などからのノンポイント汚染（非特定汚染，面源汚染）が挙げられている．

　水域が汚濁した場合，その発生源を突き止め，改善することが対策として考えられるが，このノンポイント汚染源というのは少々やっかいで，「ここが汚濁発生源！」という明確な地点が特定されにくいことが特徴である．都市域では，晴天時に自動車や工場などから排出された物質が屋根，路上などに堆積し，降雨時にそれらが雨と共に流れ出し水域に流入する．農地では，栽培のために撒かれた肥料や農薬などが，降雨時に流れ出し水域に流入する．このように，ノンポイント汚染源からの物質の流入の特徴としては降雨時に発生することが挙げられる．

　では，このノンポイント汚染源からの物質の発生量は如何ほどであろうか．ノンポイント汚染源からの原単位（物質量を年間，面積あたりで求めた値）を求める際には，調査方法の違い，調査の対象域により異なることがよく知られている．

　まず，調査方法の違いについては，井上（2003）も指摘しているように，降雨時の調査結果を加えるかどうかで汚濁負荷量（対象とする物質量を単位時間あたりで求めた値）の値は大きく異なるといわれる．水質調査といえば，定期

表1 面源の原単位参考平均値（kg/ha/年：武田（2010）より抜粋）

地目	窒素	リン	COD （化学的酸素要求量）
山林	4.2	0.17	20.7
水田	11.0	1.13	42.9
畑地	32.2	0.36	19.1
市街地	12.1	0.81	51.1

的な調査がほとんどであり，天候の悪いときにあえて調査に出かけることはほとんどなかった．横田ら（2013）は，豊橋市内の河川において，268日の定期調査と18回の降雨時調査結果を，晴天時のみ，降雨時調査を加えた場合など，何種類かの推定手法で年間汚濁負荷量を算出した．これにより，降雨に伴う流量増加時の調査結果を加えた場合，晴天時のみの結果より全窒素（TN）で約1.8倍，全リン（TP）で2倍以上の負荷量となったことから，降雨時の調査結果の重要性を強調している．

次に，調査の対象地域の違いについては，武田（2010）が示しているように，林地，農地，水田，市街地で物質ごとにその値が大きく異なることが特徴である（表1）．それぞれの地域において，物質ごとの発生形態の違い，その発生源からの流出過程の違いなどによりその値が異なる．また，降雨イベントといった短期間においても，流量変化に伴う濃度変動もそれぞれの地域で異なることも報告されている（武田，2010）．

このようにノンポイント汚染を解明するためには，雨天時の調査といった危険と隣合わせではあるが，地道で息の長い調査を継続することが必要である．さらに，実験室での各水質項目の分析はもちろんのこと，流量調査，地形調査，気象観測なども必要であり，このような幅広く詳細な知見と観測，そして化学分析能力が求められる．

[松本嘉孝]

3.7 生物化学的酸素要求量

生物化学的酸素要求量（BOD）はCODと同じく，有機汚濁の指標であり，河川の水質基準項目の1つである．BODは，試水を酸素瓶に密栓し暗所で20℃5日間置き，その間に減少した溶存酸素量として示す（図3.8）．溶存酸素

の減少は,試水中の有機物を好気性微生物が分解したことで生じる.したがって,BOD として把握する有機物は,生物が分解できるものである.BOD は,生活排水,畜産排水の流入によりその値は大きくなる.人為的な負荷以外に,落葉などの有機物も流入するが,落葉は微生物にとって難分解であるため,BOD への影響は小さいと考えられる.

3.7.1 試 薬

1) 緩衝液:リン酸水素二カリウム(K_2HPO_4)21.75 g,リン酸二水素カリウム(KH_2PO_4)8.5 g,リン酸水素二ナトリウム($Na_2HPO_4 \cdot 12H_2O$)44.6 g,および塩化アンモニウム(NH_4Cl)1.7 g を水に溶かして 1 L とする.
2) 硫酸マグネシウム溶液:硫酸マグネシウム($MgSO_4 \cdot 7H_2O$)22.5 g を水に

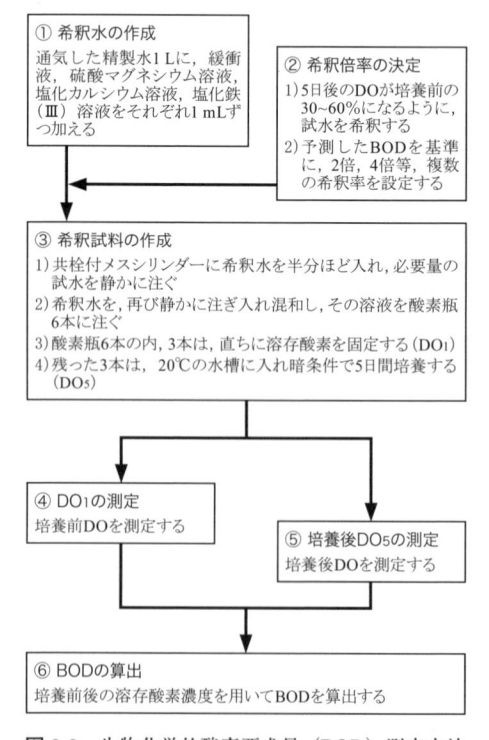

図 3.8 生物化学的酸素要求量(BOD)測定方法

溶かして 1L とする.
3) 塩化カルシウム溶液：無水塩化カルシウム（$CaCl_2$）27.5 g を水に溶かして 1L とする.
4) 塩化鉄（Ⅲ）溶液：塩化鉄（Ⅲ）（$FeCl_3 \cdot 6H_2O$）0.25 g を水に溶かして 1L とする.

3.7.2 分析方法

分析方法の基本は溶存酸素（DO）と同じである．そこで，以下の器具からは溶存酸素分析に必要な器具は除外してある．

器具

人工気象器（恒温槽，インキュベーター），5 mL メスピペット（4本），1000 mL ビーカー，250 mL 共栓付メスシリンダー（2本），水槽

手順

1) エアーポンプで通気しながら 20℃で 24 時間以上放置しておいた精製水 1L に，緩衝液，硫酸マグネシウム溶液，塩化カルシウム溶液，塩化鉄（Ⅲ）溶液をそれぞれ 1 mL ずつメスピペットにて順に加えて混合する．この溶液を希釈水と呼び試水の希釈に用いる．

2) 5 日後の溶存酸素濃度が培養前の 30～60% に入るように，試水を希釈水により適度に希釈する．その際には，先行研究やパックテストの COD により BOD を予測すると便利である．希釈は，予測した BOD の値を基準にして，その 2 倍，4 倍など，複数の希釈率を設定する．ただし，河川の上流～中流では有機物量は少ないため，希釈の必要がない場合が多い．その際は，試水を希釈することなく酸素瓶に入れる．

3) 共栓付メスシリンダーに希釈水を半分ほど静かに注ぎ入れる．続いて必要量の試水を静かに注ぐ．その後，規定の目盛りまで希釈水を，ふたたび静かに注ぎ入れる．気泡を発生させないように栓を閉め，静かに混和する．その溶液を酸素瓶 6 本に静かに注ぐ．酸素瓶 6 本の内，3 本は，ただちに溶存酸素を固定する．残った 3 本は，20℃に保った人工気象器の中に設置した水槽に入れ暗条件で 5 日間培養する．水槽に入れるのは酸素瓶への大気の侵入を防ぐためである．この水槽へ入れる操作が難しい場合は，共栓部分が水封可能な酸素瓶を

用いることで代用ができる．

4) 人工気象器に入れずに固定した酸素瓶の溶存酸素濃度を測定する（DO_1）．
5) 5日後に培養した酸素瓶を取り出し，溶存酸素濃度を測定する（DO_5）．
6) 培養前後の溶存酸素濃度を用いて以下の式より BOD を算出する．

$$BOD(mg/L) = \frac{(DO_1 - DO_5) \times 希釈試料水(mL)}{試料水(mL)}$$

3.7.3 備考および注意

1) 試料水中に，好気性微生物が十分に存在しない場合には，微生物を加える植種操作を行う．植種希釈水の作成方法は上水試験法（2011）を参照のこと．
2) 試料の希釈作業を行う際は，極力酸素が曝気され混和しないように注意する．分注などをする際には，サイホンを用いると曝気が最小限に抑えられる．
3) 有機物の分解は 2 段階に分けられ，最初に炭水化物の分解が行われ，その後窒素化合物の分解が起こる．そのため，炭水化物の分解による溶存酸素の消費量を正確に求めるため，培養は 5 日を超えないものとする．
4) 培養温度を 32℃ に設定すると 2 日間で 20℃ 5 日培養とほぼ同じ結果が得られる（中本, 1983）．この方法を用いる場合は，熱帯魚飼育用のヒーターとサー

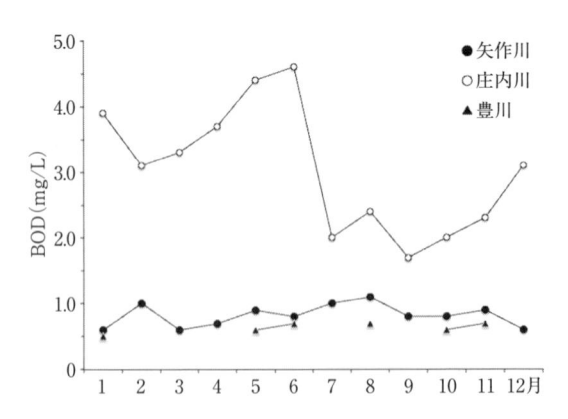

図 3.9 2012 年における矢作川，庄内川および庄内川の BOD 変化．データは国土交通省水文水質データベースの採水データの各月平均値．
矢作川：米津大橋，庄内川：枇杷島，豊川：当古橋
豊川の 2, 3, 4, 7, 9, 12 月の BOD は 0.5（mg/L）以下であったため非表示．

モスタットで，酸素瓶を培養する水槽の水温を制御し，暗所に置けば，人工気象器がなくともBODの測定を行うことができる．

3.7.4 事例

図3.9は，平成24年における国土交通省水文水質データベースから取得した，愛知県内を流れる矢作川，庄内川，豊川の年間BOD変化を示している．矢作川と豊川は年間を通じてほぼ一定のBOD濃度であるのに対し，庄内川は春から夏にかけて濃度が高い傾向にある．また，矢作川と豊川は1.0 mg/L以下のBOD濃度であるのに対し，庄内川は最大で4.6mg/Lと他の二河川に比べ有機汚濁が進んでいることがわかる．

3.8 強 熱 減 量

強熱減量は，水中の懸濁物質，石面の付着物，泥や砂礫で構成された底質に含まれる有機物の指標として用いられる．ここでは，試料を100〜110℃で加熱し水分を除去した重量（乾燥重量：dry weight）と，550〜600℃で加熱し有機物を燃焼させた後の重量（灰分重量：ash weight）との差から算出する方法を紹介する（図3.10）．強熱減量で測定される有機物の起源としては，陸域から流入する落葉や枯枝，コケや水生植物，水生昆虫やその遺骸，動植物プランクトンが挙げられる．

3.8.1 試料の準備
器 具
　100 mLメスシリンダー，ガラス繊維ろ紙（直径47 mm，東洋ろ紙GF-75など），電気炉（マッフル炉），デシケーター（広口の蓋付ガラス瓶に乾燥剤を入れ代用できる），ピンセット，電子天秤，ろ過器，吸引ポンプもしくはアスピレーター，アルミホイル
手 順
1) ガラス繊維ろ紙に鉛筆で番号を記入し，水分と有機物を除去するために電気炉で350℃で4時間加熱する．加熱終了後，熱い状態のろ紙を，ピンセット

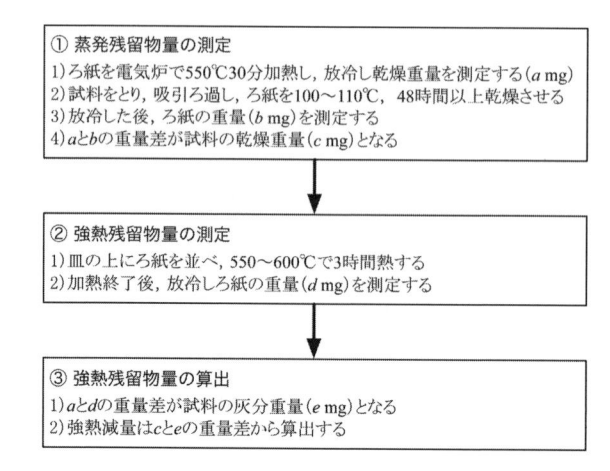

```
┌─────────────────────────────────────────────────────────┐
│ ① 蒸発残留物量の測定                                         │
│ 1) ろ紙を電気炉で550℃30分加熱し,放冷し乾燥重量を測定する($a$ mg) │
│ 2) 試料をとり,吸引ろ過し,ろ紙を100～110℃,48時間以上乾燥させる   │
│ 3) 放冷した後,ろ紙の重量($b$ mg)を測定する                     │
│ 4) $a$と$b$の重量差が試料の乾燥重量($c$ mg)となる               │
└─────────────────────────────────────────────────────────┘
                            ↓
┌─────────────────────────────────────────────────────────┐
│ ② 強熱残留物量の測定                                         │
│ 1) 皿の上にろ紙を並べ,550～600℃で3時間熱する                  │
│ 2) 加熱終了後,放冷しろ紙の重量($d$ mg)を測定する               │
└─────────────────────────────────────────────────────────┘
                            ↓
┌─────────────────────────────────────────────────────────┐
│ ③ 強熱残留物量の算出                                         │
│ 1) $a$と$d$の重量差が試料の灰分重量($e$ mg)となる              │
│ 2) 強熱減量は$c$と$e$の重量差から算出する                      │
└─────────────────────────────────────────────────────────┘
```

図 3.10 強熱減量測定方法

でデシケーターに入れ,乾燥状態を保ちながら放冷させる.

2) デシケーターからろ紙をピンセットで1枚ずつ取り出し,電子天秤で乾燥重量を測定する(a mg).乾燥重量は実験ノートに記録しておく.

3) 採取した付着物や底質(2.9.2項参照)試料をよく攪拌し,懸濁物質を均一にしてからメスシリンダーに適量(V mL)をとり,ろ過器に注ぎ入れ吸引ろ過する.適量の目安は10～100 mL である.ろ過量 V は必ず実験ノートに記録する.精製水でメスシリンダーを洗浄し,その洗浄水もろ過器に入れろ過する.2～3回繰り返す.

4) 水試料の場合は,懸濁物質の測定法(3.5.1項参照)と同様の手順でろ過する.

5) ろ過後のろ紙は,100～110℃に設定した電気炉に入れ,48時間以上乾燥させる.デシケーター中で放冷した後,ろ紙の重量(b mg)を測定する.aとbの重量差が試料の乾燥重量(c mg)となる.すぐに分析しない場合は,湿気による有機物の変質を避けるためにデシケーターに入れ保存する.

3.8.2 強熱減量の測定

1) アルミホイルで長方形(30×15 cm程度)の皿(バット)をつくり,ろ紙を番号順に並べる.鉛筆で記入した番号は分析中に消えてしまうので,高温用

絵具か番号の並び順が後から判別できるように実験ノートに記録しておく．
2) ろ紙を並べたアルミホイルの皿を電気炉に入れ，550〜600℃で3時間熱する．加熱終了後，ろ紙を番号順にデシケーターに入れ，ろ紙の重量（d mg）を測定する．
3) aとdの重量差が試料の灰分重量（e mg）となる．強熱減量はcとeの重量差から算出できる．さらに，ろ過液V mLや試料の採取面積から単位体積（mg/L）および面積（mg/m^2）あたりの強熱減量に換算することができる．

3.8.3 事例

石面付着物の場合，その大部分は生物膜（biofilm）であるため有機物含量が高まり，強熱減量は乾燥重量の40〜50%を占める．そして，その重量は付着物の現存量に対応した変化を示す（図 3.11）．一方，底質の場合は，無機物である泥や砂礫が主となり，強熱減量の割合は10%以下である．

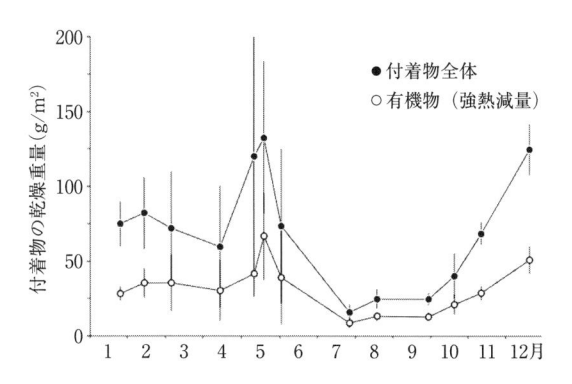

図 3.11 矢作川中流（河口から42 km地点）の流心における石面付着物の乾燥重量と強熱減量の季節変化（野崎，未発表）．

3.9 アンモニア態窒素

アンモニア態窒素（以下，アンモニアと表記する）とは，アンモニウムイオン（NH_4^+），もしくは，含まれている窒素を示す（NH_4^+-N）．後者の場合，アンモニウムイオン中の窒素の量だけを示している．アンモニアは，有機物，

主にタンパク質が分解（腐敗）する初期の過程で発生する．アンモニアは速やかに酸化され亜硝酸態窒素，硝酸態窒素に変化するため，酸素がある環境中では長期間存在することはできない．したがって濃度が高い場所は有機物が大量に負荷され分解が盛ん，あるいは酸素に乏しく酸化が進行しない環境であると判断できる．加えて下水処理場の排水，農地に過剰に施肥された硫酸アンモニウム（硫安）の流入も高濃度の原因となる．このようにアンモニアは水環境の診断に有用な指標である．本書では，青色を呈するインドフェノール法（Solorzano, 1969）を紹介する（図3.12）．

① 試料の採取
試料10 mLを共栓試験管にとる

② 標準溶液の作成
1) アンモニア標準液（1 mgN/L）を段階的にとり，全量を100 mLとする
2) それぞれの溶液10 mLと精製水を共栓試験管にとる

③ 薬品の添加
フェノール・ニトロプルシドナトリウム溶液5 mL，次亜塩素酸ナトリウム溶液5 mLを加え混和し，室温で60分間静置する

④ 吸光度の測定（640nm）
1) 波長640 nmで吸光度を測定する
2) 検量線よりアンモニア態窒素濃度（mgN/L）を算出する

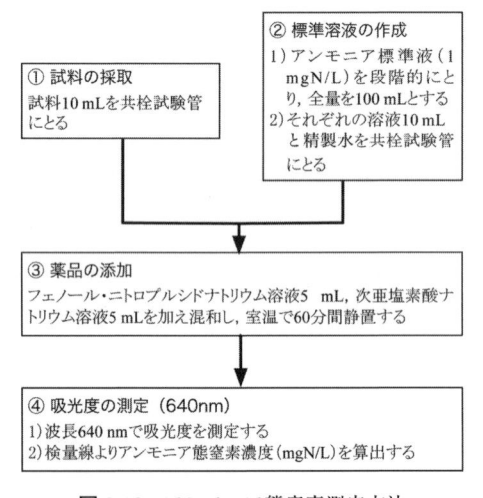

図 3.12 アンモニア態窒素測定方法

3.9.1 試　薬

1) アンモニア態窒素標準液 $1\,\mathrm{mgNH_4^+}$-N/L：市販のアンモニア性窒素標準液（$\mathrm{NH_4^+}$-N）（100 mgN/L）10 mL をメスフラスコ1Lにとり，精製水を加えて全量を1Lとする．あるいは，100℃で1時間乾燥した塩化アンモニウム（$\mathrm{NH_4Cl}$）3.819 g を精製水に溶かして1Lにする．この溶液の濃度は，$1\,\mathrm{mgNH_4^+}$-N/mL であるので，1 mL は 1 mg の $\mathrm{NH_4^+}$-N を含む．この溶液は冷蔵庫で保管する．これを 1000 倍希釈すると $1.0\,\mathrm{mgNH_4^+}$-N/L となる．
2) フェノール・ニトロプルシッドナトリウム溶液：フェノール（$\mathrm{C_6H_5OH}$）

5gおよびニトロプルシッドナトリウム二水和物（ペンタシアノニトロシル鉄（Ⅲ）酸ナトリウム水和物）（$Na_2Fe(CN)_5NO \cdot 2H_2O$）0.1gを精製水で溶かして500mLとする．

3）次亜塩素酸ナトリウム溶液：市販の次亜塩素酸ナトリウム（NaClO）200/CmL（Cは有効塩素濃度）および水酸化ナトリウム（NaOH）15gを精製水で溶かして1Lとする．本溶液は，調整後の次亜塩素酸ナトリウム濃度が0.1〜0.2w/v％の範囲となるようにするため，開封後ただちに利用する．ただし，次亜塩素酸ナトリウムは分解などによりその濃度が常に正確に200/CmLとは限らない．そのため，次亜塩素酸ナトリウムが開封後しばらく経っている場合は，上水試験法（2011）を参考にして次亜塩素酸ナトリウム溶液の濃度を求める．

3.9.2 測定方法

器　具

　30mL共栓試験管（5本），100mLメスフラスコ（4個），分光光度計，吸光度測定用のガラスセル，10mLホールピペット，5mLメスピペット（2本）

手　順

1）試料10mLをホールピペットにて共栓試験管にとる．

2）アンモニア標準液（$1 mgNH_4^+$-N/L）5.0〜100mLをメスピペットにて段階的に数個のメスフラスコ100mLに採り，各々に精製水を加えて全量を100mLとする．それぞれの溶液10mLをホールピペットにて共栓試験管にとる．対照として，精製水のみ10mLを共栓試験管にとりそれらを検量線測定試料とする．

3）フェノール・ニトロプルシドナトリウム溶液5mLをメスピペットで加え，密栓をして静かに転倒して混和した後，次亜塩素酸ナトリウム溶液5mLをメスピペットで加え密栓をして同様に混和する．その後，室温で60分間静置した後，波長640nmで吸光度を測定する．

4）吸光度を，標準液で作成した検量線を用いてアンモニア態窒素濃度（$mgNH_4^+$-N/L）に換算する．この試験法の定量範囲はNH_4^+-Nとして5〜50μg（0.05〜$10 mgNH_4^+$-N/L）であり，この値より大きければ希釈して再分

析を行い，希釈率を乗じる．

3.10 亜硝酸態窒素

亜硝酸態窒素（$NO_2^- -N$，以下，亜硝酸と表記する）は，亜硝酸イオンに含まれる窒素であり，アンモニアが硝化細菌によって酸化分解され生じる．アンモニア同様，速やかに酸化されるため，高濃度の場所は有機物や汚水の負荷が大きいか，酸素濃度が低いことが推定される．本書では，赤色を呈するジアゾ化法（Bendschneider and Robinson, 1952）を紹介する（図 3.13）．

```
┌─────────────────────┐  ┌─────────────────────────┐
│ ① 試料の採取          │  │ ② 標準溶液の作成          │
│ 試料10mLを共栓試験管   │  │ 1)亜硝酸標準液を段階的にと │
│ にとる                │  │ り，全量を100mLとする     │
│                     │  │ 2)それぞれの溶液10 mLと精  │
│                     │  │ 製水を共栓試験管にとる     │
└──────────┬──────────┘  └────────────┬────────────┘
           │                           │
           └──────────────┬────────────┘
                          ▼
┌───────────────────────────────────────────────────┐
│ ③ 薬品の添加                                        │
│ 1)スルファニルアミド溶液1 mLを加え，3分間静置する     │
│ 2)ナフチルエチレンジアミン溶液1 mLを加え，20分間静置する│
└──────────────────────┬────────────────────────────┘
                       ▼
┌───────────────────────────────────────────────────┐
│ ④ 吸光度の測定（540nm）                              │
│ 1) 波長540nmで吸光度を測定する                       │
│ 2) 検量線より亜硝酸態窒素濃度(mgN/L)を算出する        │
└───────────────────────────────────────────────────┘
```

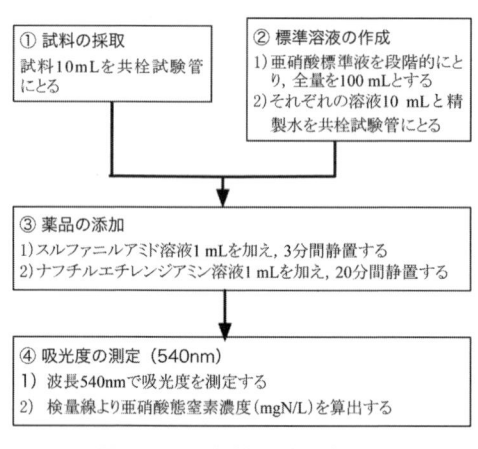

図 3.13 亜硝酸態窒素測定方法

3.10.1 試 薬

1) 亜硝酸態窒素標準液 $1\,mgNO_2^- -N/L$：市販の亜硝酸態窒素標準液（$NO_2^- -N$）$100\,mgN/L$ の 10 mL をメスフラスコ 1 L にとり，精製水を加えて全量を 1 L とする．あるいは，100°C で 4 時間乾燥した亜硝酸ナトリウム（$NaNO_2$）の 1.50 g を 1 L メスフラスコにとり，精製水で溶かして全量を 1 L とする．この溶液の濃度は $0.3\,mgNO_2^- -N/mL$ であるので，1 mL は 0.3 mg の $NO_2^- -N$ を含む．0.3 mg/mL であり冷蔵庫で保管する．100 倍希釈すると $3\,mgNO_2^- -N/L$ となる．

2) スルファニルアミド溶液：スルファニルアミド（$NH_2C_6H_4SO_2NH_2$）1gを10%塩酸100mLに溶かす．
3) ナフチルエチレンジアミン溶液：N-(1-ナフチル)エチレンジアミン二塩酸塩（$C_{10}H_7NHCH_2CH_2NH_2 \cdot 2HCl$）0.1gを精製水に溶かして100mLとする．

3.10.2 測定方法
器具
　30mL共栓試験管（5本），100mLメスフラスコ（4個），10mLホールピペット，5mLメスピペット（6本），分光光度計，吸光度測定用のガラスセル
手順
1) 試料10mLを共栓試験管にとる．
2) 亜硝酸標準液0.0〜10.0mLをメスピペットにて段階的に数個のメスフラスコ100mLにとり，各々に精製水を加えて全量を100mLとする．それぞれの溶液10mLを共栓試験管にとる．それに精製水のみ10mLを共栓試験管にとりそれらを検量線測定試料とする．
3) スルファニルアミド溶液1mLをメスピペットにて加えてよく振り混ぜ，3分間静置したのち，ナフチルエチレンジアミン溶液1mLをメスピペットにて加えて混ぜ，20分間静置する．波長540nmで吸光度を測定する．
4) 吸光度を，標準液で作成した検量線を用いて亜硝酸態窒素濃度（$mgNO_2^--N/L$）に換算する．この試験法の定量範囲はNO_2^--Nとして$0.01\mu g$〜$1\mu g$（0.001〜$0.3mgNO_2^--N/L$）であり，この値より大きければ希釈して再分析を行い，希釈率を乗じる．

●コラム●　リンと富栄養化との関係

　湖，河川に入ってくる栄養塩，とくに肥料要素である窒素やリンが増えると藻類や水草が増え，一次生産力が高まる．これを富栄養化（eutrophication）と呼び，たとえば漁獲量を高めることにつながる．ただし，増えすぎた藻類や水草は腐敗すると悪臭など，人間にとって害が大きくなり，その制御が求められるようになる．そこで，富栄養化と栄養塩との関係が，主に湖を用いて研究されてきた（Sakamoto, 1966）．

図1は，貧栄養の十和田湖（高村編，2001），中栄養の琵琶湖北湖（野崎，未発表1994～1997年に測定），富栄養の諏訪湖（沖野・花里，1997）における夏期（7～9月）表層の全リン濃度と植物プランクトン量の指標となるクロロフィル a 量との関係を示している．縦軸，横軸ともに対数であるが，正の直線関係を見ることができる．この関係が示すことは，リンの量が増えれば植物プランクトンも増える，そして逆もまた言えるということである．植物プランクトンの体内にはリンが含まれているので，この関係は当たり前，ではある．しかしもう一歩考えを深めてみると，植物プランクトンの成長にはリンの供給が重要であり，リンの供給を減らしていけば植物プランクトンの発生を制御できるということが推定できる．Sakamoto（1966）の研究は，湖の富栄養化を予測する以下のフォーレンヴァイダーの式（Vollenweider, 1976）の基礎となり，水質改善のためには流入するリン量を減らすことが大切であると一般にも理解されるようになった．

　河川では，出水による物理的かく乱によって生物が流出するため，富栄養化と栄養塩との関係は湖と比べ明確ではない（Biggs $et\ al.$, 2000）．しかしながら，河川に形成されたダム湖では，天然湖沼に準じた仕組みで富栄養化が進行すると考えられるため，フォーレンヴァイダーの式が利用されている．

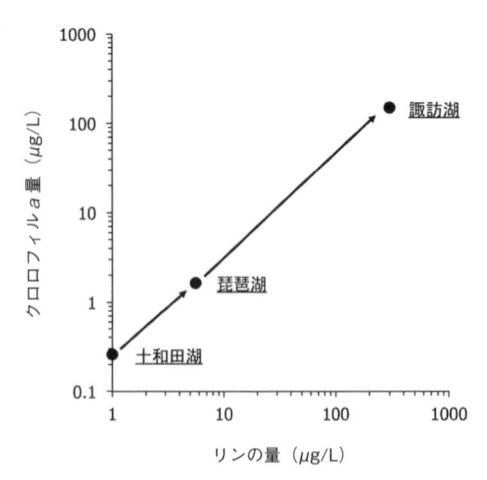

図1 十和田湖，琵琶湖北湖および諏訪湖における夏期表層の全リン濃度とクロロフィル a 濃度との関係

$$L_c = 0.01 \times Q_s \times (1 + \sqrt{Y})$$

L_c：ある湖において富栄養化が進行するリン負荷量（g/m²/年）
Y：湖水の滞留時間（年）
Q_s：湖の平均水深（m）/Y

［野崎健太郎］

3.11 硝酸態窒素

硝酸態窒素（NO_3^--N，以下，硝酸と表記する）は，アンモニアから始まる硝化の最終形態である．窒素イオンであるアンモニア，亜硝酸，硝酸の総量は溶存無機態窒素（DIN）である．酸素が十分にある水環境では，アンモニアや亜硝酸に比べもっとも多量に存在しDINの大部分を占める．したがって，富栄養化の要因となる溶存無機態窒素の負荷を調査する場合には，硝酸が主な対象となる．カドミウム・銅カラム還元法やイオンクロマトグラフ法が利用され

① 試料の採取
試料を10〜50 mL量りとりビーカーに入れる

② 標準溶液の作成
硝酸標準液を段階的にとり全量を100 mLとし，試料と同量をビーカーに入れる

③ 薬品の添加，蒸発乾固
1) サリチル酸ナトリウム・水酸化ナトリウム溶液1 mL，塩化ナトリウム溶液1 mL，スルファミン酸アンモニウム溶液1 mLを加える
2) ホットプレート上で蒸発乾固する

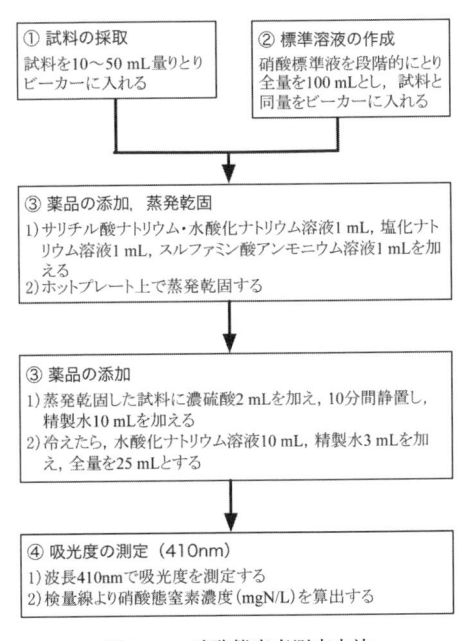

③ 薬品の添加
1) 蒸発乾固した試料に濃硫酸2 mLを加え，10分間静置し，精製水10 mLを加える
2) 冷えたら，水酸化ナトリウム溶液10 mL，精製水3 mLを加え，全量を25 mLとする

④ 吸光度の測定（410nm）
1) 波長410nmで吸光度を測定する
2) 検量線より硝酸態窒素濃度(mgN/L)を算出する

図 3.14 硝酸態窒素測定方法

ているが本書では，黄色を呈するサリチル酸ナトリウム法（Kalff and Bentzen, 1984）を紹介する（図 3.14）．

3.11.1 試　薬
1)　硝酸標準液 $1\,mgNO_3^--N/L$：市販の硝酸態窒素標準液（NO_3^--N）$100\,mgN/L$ の $10\,mL$ をメスフラスコ $1\,L$ にとり，精製水を加えて全量を $1\,L$ とする．あるいは，$100℃$ で 4 時間乾燥した硝酸カリウム（KNO_3）の $0.722\,g$ を $1\,L$ メスフラスコにとり，精製水で溶かして全量を $1\,L$ とする．この溶液の濃度は $0.1\,mgNO_3^--N//mL$ であるので $1\,mL$ は $0.1\,mg$ の NO_3^--N を含む．この溶液は冷蔵庫で保管する．100 倍希釈すると $1\,mgNO_3^--N/L$ となる．

2)　サリチル酸ナトリウム・水酸化ナトリウム溶液：サリチル酸ナトリウム（HOC_6H_4COONa）$1\,g$ を水酸化ナトリウム溶液（$0.04\,w/v\%$，$100\,mL$ の精製水に対して $0.04\,g$ の水酸化ナトリウム（NaOH）を溶かす）$100\,mL$ に溶かす．

3)　塩化ナトリウム溶液：塩化ナトリウム（NaCl）$0.2\,g$ を精製水 $100\,mL$ で溶かし，$0.2\,w/v\%$ 溶液とする．

4)　スルファミン酸アンモニウム溶液：スルファミン酸アンモニウム（$NH_4SO_3NH_2$）$0.1\,g$ を精製水 $100\,mL$ に溶かす．

5)　水酸化ナトリウム溶液：水酸化ナトリウム（NaOH）$40\,g$ を精製水 $100\,mL$ に溶かし，$40\,w/v\%$ 溶液とする．

6)　濃硫酸

3.11.2 測定方法
器　具

$100\,mL$ ビーカー，$100\,mL$ メスフラスコ（4 個），家庭用のホットプレート（温度調節 $100〜250℃$），分光光度計，吸光度測定用のセル，$100\,mL$ メスシリンダー，$5\,mL$ メスピペット（6 本）

手　順

1)　メスシリンダーを用いて試料を $10〜50\,mL$ 量りとりビーカーに入れる．河川上流〜中流で採取した試料であれば $50\,mL$ で測定する．

2)　硝酸標準液 $1〜10\,mL$ を段階的にメスピペットにてメスフラスコにとり，

それぞれに精製水を加えて全量を 100 mL とする．精製水，メスフラスコ，1 mgNO$_3^-$-N/L の標準液から試料と同量をとりビーカーに入れる．これらを検量線測定試料として用いる．

3) ビーカーにサリチル酸ナトリウム・水酸化ナトリウム溶液 1 mL，塩化ナトリウム溶液 1 mL，スルファミン酸アンモニウム溶液 1 mL をメスピペットにて加え，ホットプレート上で沸騰させないように加熱し，ゆっくりと蒸発乾固する．

4) 蒸発乾固した試料に濃硫酸 2 mL を加え，ときどき振り混ぜながら 10 分間静置し，精製水 10 mL を少しずつ加える．激しく反応し発熱するので注意する．冷えたら，水酸化ナトリウム溶液 10 mL を少しずつ加える．ここでも発熱に注意する．さらに精製水 3 mL を加え，全量を 25 mL とする．波長 410 nm で吸光度を測定する．

5) 吸光度を，標準液で作成した検量線を用いて硝酸態窒素濃度（mgNO$_3^-$-N/L）に換算する．この試験法の定量範囲は，NO$_3^-$-N として 2〜20 μg（0.01〜0.1 mgNO$_3^-$-N/L）であり，この値より大きければ試料の濃度が高く（0.1 mgN/L 以上），希釈して再分析を行い，希釈率を乗じる．

3.11.3 事例

溶存無機態窒素は，人間活動の影響が大きい水域では 1 mgN/L を超える．

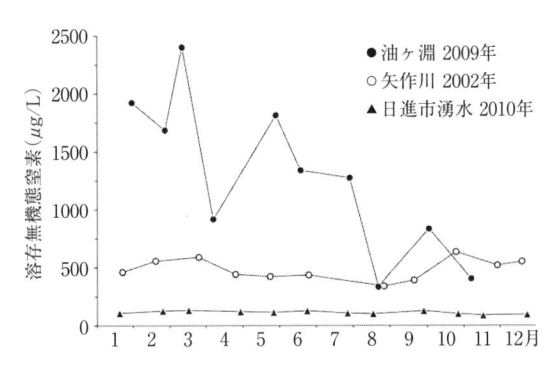

図 3.15 油ヶ淵（碧南市および安城市：野崎，未発表），矢作川中流（豊田市：野崎・志村，2013）および日進市の湧水（野崎・各務，2014）における溶存無機態窒素（アンモニア態＋亜硝酸態＋硝酸態窒素）濃度の季節変化．

そして植物プランクトンや水草の吸収といった生物活動により濃度は季節変化を示す．矢作川流域の下流に位置する油ヶ淵では，人間活動による負荷が大きいため 2 mgN/L 以上の濃度に達し季節変化も大きい．一方，矢作川中流や湧水では 0.1～0.5 mg/L 程度で季節変化も小さい（図 3.15）．

3.12 全　窒　素

全窒素（TN）は，アンモニア，亜硝酸，硝酸および有機態窒素の総量である．全窒素には，懸濁態と溶存態が含まれ，溶存態のみについては溶存態全窒素（DTN）と表示する．本書では，試料を高温高圧下で処理した後，紫外部吸光によって測定する方法を紹介する（図 3.16）．

① 試料の採取
試料 50 ml をテフロン製容器に採取する．

② 標準溶液の作成
1) 硝酸性窒素標準液を段階的に採り，全量を 100 ml とする
2) それぞれの 25 ml を共栓付試験管にとり，塩酸 5 mL を加える

③ 薬品の添加，オートクレイヴで分解
1) 水酸化ナトリウム・ペルオキソ二硫酸カリウム溶液 10 ml を加える
2) オートクレイヴに入れ，約 120℃ 高圧下で 30 分間加熱する

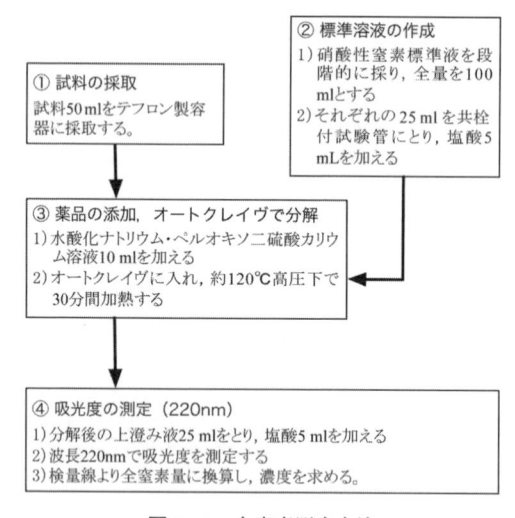

④ 吸光度の測定（220nm）
1) 分解後の上澄み液 25 ml をとり，塩酸 5 ml を加える
2) 波長 220nm で吸光度を測定する
3) 検量線より全窒素量に換算し，濃度を求める．

図 3.16　全窒素測定方法

3.12.1 試　薬

1)　硝酸態窒素標準液 $4 mgNO_3^--N/L$：市販の硝酸性窒素標準液（NO_3^--N）100 mgN/L の 4 mL をメスフラスコ 100 mL にとり，精製水を加えて全量を 100 mL とする．

2) 塩酸（1+500）：濃塩酸（HCl）1 mL に，精製水 500 mL を加える．
3) 水酸化ナトリウム・ペルオキソ二硫酸カリウム溶液：精製水 500 mL に水酸化ナトリウム（NaOH）20 g を溶かした後，ペルオキソ二硫酸カリウム（$K_2S_2O_8$）15 g を溶かす．このペルオキソ二硫酸カリウムは水質分析用を用いた方がよい．

3.12.2 測定方法
器具

100 mL テフロン製容器，100 mL メスフラスコ×4 本，30 mL 共栓付試験管，オートクレイヴ，10 mL メスピペット×6 本，25 mL ホールピペット，分光光度計，吸光光度測定用の石英セル

手順

1) 試料 50 mL をホールピペットにてテフロン製容器に採取する．
2) 硝酸性窒素標準液 1～50 mL をメスピペットにて段階的に数個のメスフラスコ 100 mL に採り，各々に精製水を加えて全量を 100 mL とする．それぞれの 25 mL をホールピペットにて共栓付試験管にとり，塩酸（1+500）5 mL をメスピペットにて加える．これらを検量線測定試料として用いる．
3) 水酸化ナトリウム・ペルオキソ二硫酸カリウム溶液 10 mL をメスピペットにて加え，混合する．この容器をオートクレイヴに入れ，約 120℃高圧下で 30 分間加熱する．加熱後，容器を取り出し放冷する．
4) 分解後の上澄み液および検量線用硝酸性窒素標準液 25 mL をホールピペットにて共栓付試験管に採り，塩酸（1+500）5 mL をメスピペットにて加える．
5) 波長 220 nm で吸光度を測定する．吸光度を，標準液で作成した検量線を用いて全窒素量（a mg）に換算し，次式によって濃度を求める．この試験法の定量範囲は全窒素として 1～50 μg である．

$$全窒素(\mathrm{mg}N/L) = a \times \frac{60}{25} \times \frac{1000}{50\,\mathrm{mL}}$$

3.13 リン酸態リン

リンは酸素との親和力が大きいので，水中では遊離状で存在することは少なく，リン酸イオン（PO_4^{3-}）として測定する．溶存無機態リン（DIP）とも呼ばれる．本書では，青色を呈するモリブデン酸アンモニウム法（Murphy and Riley, 1962）を紹介する（図 3.17）．

```
┌─────────────────┐    ┌──────────────────────────┐
│ ① 試料の採取    │    │ ② 標準溶液の作成         │
│ 試料25 mLを共栓付│    │ 1) リン酸標準液を段階的  │
│ 試験管にとる    │    │    にとり，全量を100 mLと│
│                 │    │    する                  │
│                 │    │ 2) それぞれの溶液25mLと  │
│                 │    │    精製水を共栓付試験管  │
│                 │    │    にとる                │
└────────┬────────┘    └────────────┬─────────────┘
         └──────────────┬───────────┘
                        ▼
         ┌──────────────────────────────────┐
         │ ③ 薬品の添加，放置               │
         │ 混合試薬2 mLを加えて振り混ぜ，    │
         │ 室温で15分間静置する             │
         └──────────────┬───────────────────┘
                        ▼
         ┌──────────────────────────────────┐
         │ ④ 吸光度の測定（880nmから885nm） │
         │ 1) 波長880〜885 nmで吸光度を測定する│
         │ 2) 検量線よりリン酸態リン濃度(mgP/L)│
         │    を算出する                    │
         └──────────────────────────────────┘
```

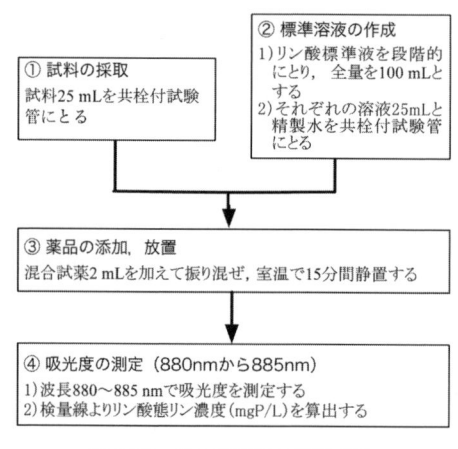

図 3.17 リン酸態リン測定方法

3.13.1 試　薬

1) リン酸標準液 $1\,mgPO_4^{3-}$-P/L：5 mL メスピペットを用い，市販のリン酸標準液（PO_4^{3-}）1000 mg/L の 3.1 mL をメスフラスコ 1000 mL にとり，精製水を加えて全量を 1000 mL とする．あるいは，100℃で 4 時間乾燥したリン酸二水素カリウム（KH_2PO_4）の 0.2197 g を 1L メスフラスコにとり，精製水で溶かして全量を 1L とする．この溶液濃度は $5\,mgPO_4^{3-}$-P/mL であるので，1 mL は 5 mg の PO_4^{3-}-P を含む．この溶液は冷蔵庫で保管する．5 倍希釈すると $1.63\,mgPO_4^{3-}$-P となる．

2) モリブデン酸アンモニウム四水和物（$(NH_4)Mo_7O_{24}\cdot 4H_2O$）0.3 g ＋精製水 10 mL（モリブデン酸アンモニウムは溶けにくいので，60℃くらいに温めた精

製水を用いたり，超音波処理を行う．ガラスビーカーで作成する場合は，ホットプレートで熱するとよい）．
3) アスコルビン酸（L-アスコルビン酸 $C_6H_8O_6$）0.54 g＋精製水 10 mL
4) 硫酸（H_2SO_4）14 mL＋精製水 90 mL
5) 酒石酸アンチモニルカリウム（$K(SbO)C_4H_4O_6 \cdot 1/2H_2O$）0.34 g＋精製水 250 mL
6) 混合試薬：上記で調製した 2) 10 mL＋3) 10 mL＋4) 25 mL＋5) 5 mL＝50 mL．この混合試薬は 5 時間程度しか効果が持続しない．短期間でも冷蔵庫へ入れる．

3.13.2　測定方法
器　具
　30 mL 共栓付試験管，100 mL メスフラスコ（4 個），25 mL ホールピペット，5 mL メスピペット（2 本），分光光度計，吸光度測定用のガラスセル
手　順
1) 試料を共栓付試験管にホールピペットにて 25 mL 採取する．
2) リン酸標準液（1mgPO_4^{3-}-P/L）から 5～100 mL をメスピペットにて，段階的にメスフラスコ 100 mL にとり，精製水を加えて全量を 100 mL とする．

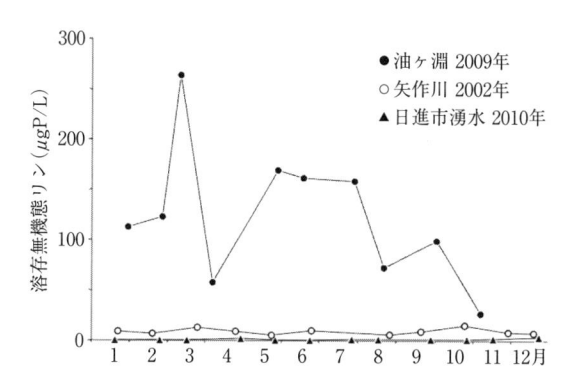

図 3.18　油ヶ淵（碧南市および安城市：野崎，未発表），矢作川中流（豊田市：野崎・志村，2013）および日進市の湧水（野崎・各務，2014）における溶存無機態リン（リン酸態リン）濃度の季節変化．

空試験を精製水で行い，これらを検量線測定試料とする．
3) 試料と標準液に混合試薬 2 mL をメスピペットにて加えて振り混ぜ，室温で 15 分間静置する．波長 880〜885 nm で吸光度を測定する．
4) 吸光度を，検量線を用いてリン酸態リン濃度 ($mgPO_4^{3-}$-P/L) に換算する．この試験法の定量範囲は，PO_4^{3-}-P として 5〜100 μg (0.05〜1.0 $mgPO_4^{3-}$-P/L) であり，この値より大きければ希釈率を乗じる．

3.13.3 事例

リン酸は，窒素に比べて濃度が低く，普通は 0.05 mgP/L 以下である．人間活動から負荷されるため，油ヶ淵では，湧水や矢作川中流に比べ高い値を示す．

3.14 全リン

全リン（TP）は，さまざまな形態で存在しているリンの総量を示す指標である．全リンでは，懸濁態と溶存態の両者が含まれ，ろ過後溶存態で測定したものは，溶存態全リン（DTP）と呼ばれる．本書では，試料を高温高圧下で処理した後，モリブデン酸アンモニウム法によって測定する方法を紹介する（図

① 試料の採取
試料50 mLをテフロン製容器に入れる

② 標準溶液の作成
1) リン酸標準液を段階的にとり，全量を100 mLとする
2) それぞれの溶液50 mLと精製水をテフロン容器にとる

③ 薬品の添加，オートクレイヴで分解
1) ペルオキソ二硫酸カリウム溶液10 mLを加える
2) オートクレイヴに入れ，約120℃高圧下で30分間加熱する

④ 吸光度の測定（880nmから885m）
1) 分解後の上澄み液25 mLをとり，発色混合試薬2 mLを加えて，室温で15分間静置する
2) 波長880〜885 nmで吸光度を測定する
3) 検量線を用いて全リン量に換算し，濃度を求める

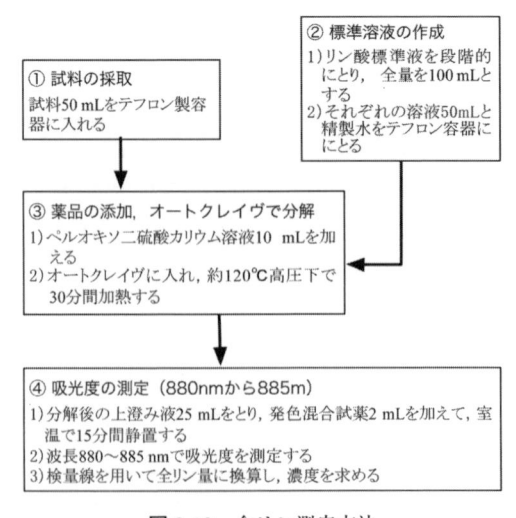

図 3.19　全リン測定方法

3.19).

3.14.1 試薬
1) リン酸態リン標準液：リン酸と同様である．
2) ペルオキソ二硫酸カリウム溶液：ペルオキソ二硫酸カリウム（$K_2S_2O_8$）40gを精製水で溶かし1000mLにする．このペルオキソ二硫酸カリウムは水質分析用を用いた方がよい．
3) 発色混合試薬：リン酸と同様である．

3.14.2 測定方法
器具
　100mLテフロン製容器，100mLメスフラスコ（4個），10mLメスピペット，オートクレイヴ，25mLホールピペット，5mLメスピペット（3本），30mL共栓試験管，分光光度計，吸光度測定用のガラスセル

手順
1) 試料50mLをホールピペットにてテフロン製容器に入れる．標準液をリン酸と同様に調製し，試料と同じくテフロン製容器に入れる．
2) 試料と標準液にペルオキソ二硫酸カリウム溶液10mLをメスピペットにて加え，密栓して混合する．この容器をオートクレイヴに入れ，約120℃高圧下で30分間加熱する．加熱後，容器を取り出し放冷する．
3) 分解後の上澄み液25mLをホールピペットで共栓付試験管にとる．発色混合試薬2mLをメスピペットにて加えて振り混ぜ，室温で15分間静置する．波長880～885nmで吸光度を測定する．
4) 吸光度を，検量線を用いて全リン量（$a$mg）に換算し，次式によって濃度を求める．この試験法の定量範囲は，全リンとして1～25μgである．

$$全リン(mgPO_4^{3-}-P/L) = a \times \frac{60}{25} \times \frac{1000}{50\,mL}$$

3.15 ケ イ 酸

いわゆるガラス質を形成するケイ酸（SiO_2）はさまざまな形態で存在する．湖沼では，沈降やガラス質の殻を持つ珪藻の吸収により濃度が低下する．ケイ酸は地殻起源のため，水文学では，水が地中のどの深度を流れて地表に現れたかを推定するための指標（tracer）の1つとして用いられる．本書では，黄色を呈するモリブデン黄色法について紹介する（図3.20）．なお，ケイ酸の分析にはガラス器具を避けることが望ましいが，東海地方の河川は湧水や湿地を除きケイ酸濃度が高いため，ガラス器具を用いても大きな影響は無い．

```
① 試料の採取
試料20 mLをポリ試験管にとる

② 標準溶液の作成
1) ケイ酸標準液を段階的にとり，全量50 mLとする
2) それぞれの溶液20 mLと精製水をポリ試験管にとる

③ 薬品の添加，放置
塩酸1 mL，モリブデン酸アンモニウム溶液1 mLを加える

④ 吸光度の測定（410nm）
1) 発色後15分以内に波長410 nmで吸光度を測定する
2) 検量線よりケイ酸濃度（$mgSiO_2/L$）を算出する
```

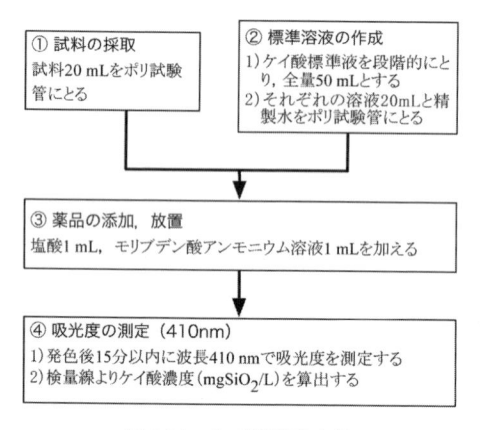

図 3.20 ケイ酸測定方法

3.15.1 試 薬

1) ケイ酸標準液 $100\,mgSiO_2/L$：市販のケイ酸標準液 $1000\,mgSiO_2/L$ の 10 mL をポリメスフラスコ 100 mL にとり，精製水を加えて全量を 100 mL とする．この溶液はポリ容器に保存する．あるいは，100℃で4時間乾燥したケイふっ化ナトリウム（Na_2SiF_6）0.313 g を 1 L メスフラスコにとり，精製水で溶かして全量を 1 L とする．この溶液は $100\,mgSiO_2/L$ である．

2) 塩酸(1+4)：ポリメスシリンダーで精製水 160 mL を広口ポリ容器に入れ，市販の濃塩酸（HCl）40 mL を加える．

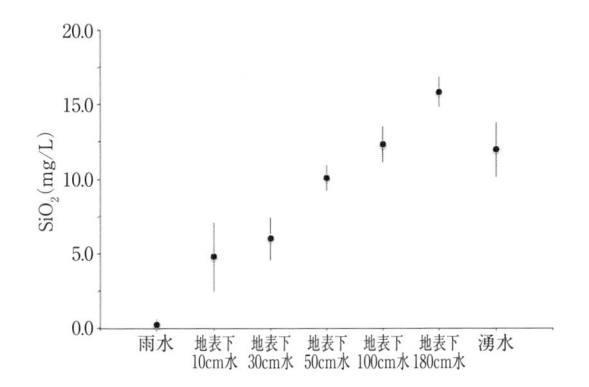

図 3.21 山地源流部における雨水，土壌水，地下水，湧水のケイ酸濃度分布（松本，未発表）．

3) モリブデン酸アンモニウム溶液：10.0 g のモリブデン酸アンモニウム（$(NH_4)_6Mo_7O_{24}\cdot 4H_2O$）を容量 200 mL 以上のポリ容器に入れ，ポリメスシリンダーで計量した精製水 100 mL を加える．モリブデン酸アンモニウムは溶けにくいので，60℃くらいに温めた精製水を用いたり，超音波処理を行う．ガラスビーカーで作成する場合は，ホットプレートで熱するとよい．

3.15.2 測定方法

器具

栓付ポリ試験管，50 mL ポリメスシリンダー，50 mL ポリメスフラスコ（3 個），5 mL ポリメスピペット，分光光度計，吸光度測定用のセル

手順

1) 試料 20 mL をメスシリンダーにて栓付ポリ試験管にとる．
2) 標準液 1.0〜10.0 mL を段階的にポリメスフラスコ 50 mL に採り，精製水を加えて全量を 50 mL とする．ここから 20 mL をメスピペットにて栓付ポリ試験管にとる．空試験は精製水 20 mL を用いる．
3) 塩酸(1+4) 1 mL をメスピペットにて試験管に添加する．続いて 10％モリブデン酸アンモニウム溶液 1 mL を加え栓をして混和する．発色後 15 分以内に波長 410 nm で吸光度を測定する．
4) 吸光度は，検量線を用いてケイ酸濃度（$mgSiO_2/L$）に換算する．この試

験法の定量範囲は SiO_2 として $2.0 \sim 20\,mgSiO_2/L$ である．

3.15.3 事　例

図 3.21 は山梨県北部の瑞牆山(みずがきやま)流域で観測された，雨水，土壌水，地下水，湧水のケイ酸濃度変化である．雨水が土壌の深部に浸透するに従いケイ酸濃度が上昇している様子がわかる．湧水は地表下 100 cm 程度の地下水が湧出していると考えることができる．

　　　　　　　　　　　　　　　　　　　　　　　［松本嘉孝・野崎健太郎］

4. 実験室における生物の調査法

4.1 微　生　物

　微生物とは，1mm以下の肉眼ではみえない微小な生物の総称である．細菌，糸状菌，酵母，原生動物は有機物を利用して生育し，藻類や一部の原生動物は光合成を行う．細菌は，多くが有機物を利用して生育する（従属栄養細菌）が，光合成を行う細菌や無機物だけで生育できるもの（独立栄養細菌），環境条件（酸素，温度，pH，塩分など）が極端な条件で生育するものなど，その生活様式はさまざまである．したがって，すべての種類を一度に測定することは不可能で，実際には環境中のごく一部を対象とすることがほとんどである．

　有機物の豊富な水には多数の微生物が生息しており，有機物汚染の指標として一般細菌数が利用されている．また，公衆衛生の観点から，人畜のふん便による水質汚染の程度をその水に存在する大腸菌群の数を調べることで簡便に知ることができる．一般細菌と大腸菌群の計数はともに試水を有機物を加えた培地で培養し，対象微生物の生育をもとに菌数を推定する方法によって行う．

4.1.1　調査方法
(1)　希釈平板法による一般細菌の計数

　細菌の培養にはさまざまな培地が用いられるが，水の分析において一般細菌数の測定には，ペプトン（タンパク質の加水分解物），酵母エキス，ブドウ糖を含む寒天培地を用いる．採取した試料水を殺菌生理食塩水などで希釈し，その一定量を培地に均一に広げて35～37℃で22～26時間培養する．培地上に生育した細菌の集落（コロニー）の数を数え，希釈段階と希釈試料水の量から

元の試料水 1 mL あたりの細菌数に換算する．単位は，正式にはコロニー形成単位の頭文字をとって c.f.u./mL で示すが，単に個/mL と表されている場合もある．

(2) MPN 法による大腸菌群および大腸菌の計数

MPN 法は，日本語では最確値法あるいは最確数法と呼ぶ．数段階の試料希釈液を用意し，一定量ずつ培地に接種する．たとえば希釈率 10 倍で 5 段階（10^1〜10^5）希釈した試料水をそれぞれ 5〜10 本の試験管に接種する．十分な期間培養した後に，微生物の生育の有無を元に陽性・陰性を判定し，統計処理により計数する方法である．試料水 100 mL あたりの最確値（MPN/100 mL）で表す．

水質検査において大腸菌群とは，グラム陰性，無芽胞の桿菌で，乳糖を分解して酸とガスを生産する好気性または通性嫌気性の菌を指す．試料希釈液を乳糖を含む液体培地で培養し，ガス発生したものを陽性と判定して大腸菌群の数を推定する（推定試験）．陽性を示した培養液については，大腸菌群以外の細菌が増殖できない胆汁酸を加えた乳糖培地に植え継いで培養し，ガス発生を示したものを大腸菌群によるものと確定する（確定試験）．さらに，確定試験の陽性培養液から平板培養法によりコロニーを得て，ガス発生とグラム染色性，芽胞の有無を調べる（完全試験）．以上 3 つの試験により，大腸菌群数を確定する（日本分析化学会北海道支部，1994）．

上記の方法は多くの培養試験を必要とする上に，ふん便性大腸菌（*Escherichia coli*）以外の菌も含まれているなど厳密性に欠けるところがある．その他に，大腸菌群が持つ酵素（β ガラクトシダーゼ）と大腸菌に特異的な酵素（β グルクロニダーゼ）の働きを利用した特定酵素基質培地法による大腸菌群と大腸菌の（コロニー法による）同時計数も行われている（ザニ太くん，JMC 株式会社）．

4.1.2 結果の解釈と表示

水質に係る環境基準による類型別の大腸菌群数は，類型 AA，A，B でそれぞれ 50，1000，5000 MPN/100 mL 以下と定められている．水道法では飲料水中の一般細菌数は 100 c.f.u./mL 以下，大腸菌群は試水 50 mL 中に検出されないことと定められている．

4.1 微生物

　三重県の河川における大腸菌群数とふん便性大腸菌数を計測した例を図 4.1 に示した．大腸菌群には大腸菌以外の環境微生物も含まれるため，大腸菌群数はふん便性大腸菌数に比べて数が多いが，水質の汚染が進むほど，双方の菌数とも高くまた両者の差が小さくなる傾向にある．

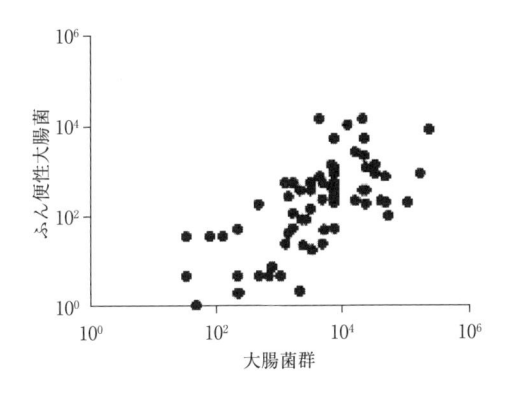

図 4.1 三重県の河川における大腸菌群数とふん便性大腸菌数（岩崎ほか (2000) から抜粋）．単位は 100 mL あたりの菌数の対数値．

　一般細菌，大腸菌（群）の計数データを比較する場合には，計数方法に注意する必要がある．上記の方法で計数できる一般細菌は水中の全細菌数のうちごく限られたグループである．全細菌数は，アクリジンオレンジや DAPI (4',6-diamidino-2-phenylindole) などの蛍光色素で核酸を染色し，蛍光顕微鏡によって蛍光を発する細菌細胞を計数することによって得られるが，生菌，死菌ともに計数される． ［村瀬　潤］

●コラム●　微生物 —— 生態系の小さな巨人

　「河川の生物を調べる」というと，どんな生物を思い浮かべるだろうか？　魚，両生類，貝，昆虫，植物…．人によって，あるいは目的によって答えはさまざまだろう．しかし「微生物」が頭に浮かぶ人はそうはいないであろう．というのも，基礎知識なしに現場で微生物の存在を直感的に意識することは，ほとんど不可能だからである．

　川の石に目を向けてみよう．いつも水面下に沈んでいて表面が緑色あるいは褐色を帯びている石では，藻類が付着し光合成を行っている．藻類はその集団

的な増殖によって微生物の存在を肉眼で確認することのできる生物群であるが，藻類が増殖している石などの基質には，藻類以外にも細菌や糸状菌が多数生息して生物膜（バイオフィルム）を形成し，藻類の光合成活動の副産物として溶出する溶存有機物を利用したり，藻類バイオマスを分解したりする．また，細菌は一方的に藻類から恩恵（有機物の供給）を受けるだけでなく，窒素やリンなどの栄養塩類をリサイクルすることで藻類の光合成を支えている．有機物が多い淀んだ河川の石や河床では水中の有機物を利用する微生物群集がぬめりの原因となる厚いバイオフィルムをつくっている．

　陸上から供給される落葉は，光合成と並んで河川生態系を支える重要なエネルギー源，栄養源となる．河川における落葉の分解というと，水生昆虫や甲殻類などによる破砕がまず思い浮かぶかもしれないが，実際には初期の段階から微生物が重要な役割を果たしている．落葉が川に入って浸漬するとまず水溶性の有機物が溶出し，それは主に細菌に利用され新たなバイオマスとなる．その後落葉には糸状菌がコロニーを作る．糸状菌は，落葉の主要な分解者であり，初期には落葉から生産される新たな生物バイオマスの90％以上を占めることもある（図1）．細菌も水生昆虫などによって細かく破砕された落葉の分解に関わっている．こうして落葉から生産された微生物バイオマスは，もともとの落葉よりも栄養価の高い餌として昆虫をはじめとする大型の河川生物に利用される．また，原生動物は微生物を食べる微生物として，落葉分解過程の微生物食物連鎖に重要な役割を果たしている．

　窒素化合物は河川中でさまざまな形態に変化するが，そのほとんどは微生物

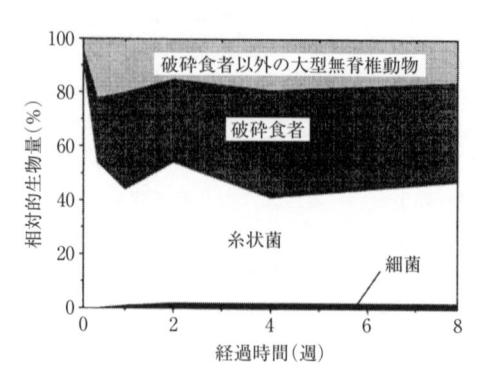

図1 分解過程のヤナギ落葉における細菌，糸状菌，破砕食者，その他の無脊椎動物の相対的生物量（Hieber and Gessner, 2002）

のはたらきによるものである．有機物の分解によって放出された窒素（アンモニア）は複数の細菌集団の働きによって藻類が利用できる硝酸イオンに変換される．また酸素がない環境では硝酸イオンは細菌の呼吸に使われて，窒素ガスとして大気に還元される．

　微生物は，上記のような炭素・窒素以外にもほとんどの元素循環に関わっている．また，人工化合物の生物分解や重金属の無毒化にも一役買っている．普段われわれが目にすることがほとんどない微生物であるが，その実態は，生態系を支える「小さな巨人」といえる．　　　　　　　　　　　　　　　[村瀬　潤]

4.2　藻　　　類

4.2.1　分　類

　微細藻類の群落は，ヌルヌルした感触の膜を形成し水あかと呼ばれる．それを顕微鏡下で観察すると，主として藍藻，紅藻，珪藻，緑藻で構成されている（図 4.2a～m）ことがわかる．分類には，珪藻は小林ほか（2006），それ以外は，廣瀬・山岸（1977）を用いるとよい．

(1) 藍　藻

　原核生物，すなわち細菌であり，藍細菌，シアノバクテリアとも呼ばれる．光合成を行う色素が細胞全体に散らばっているため藻体は藍青色や緑青色を呈するものが多い．有性生殖は知られておらず，分裂と胞子や連鎖体の形成によって無性生殖をする（千原編，1999）．愛知県西三河地方の矢作川では，初夏から晩秋にかけてビロードランソウ（*Homoeothrix janthina*）が優占する（図 4.2a）．

(2) 紅　藻

　藻体の色が赤いことから紅藻といわれる．淡水域に生育する紅藻は 200 種ほどで，全体の 1% に満たない（熊野，2000）．大型の種類はオオイシソウ科，カワモズク科，チスジノリ科がある．矢作川ではアオカワモズク（*Batrachospermum helminthosum*）（図 4.2b，c）とチスジノリ（*Thorea okadae*）が確認される．

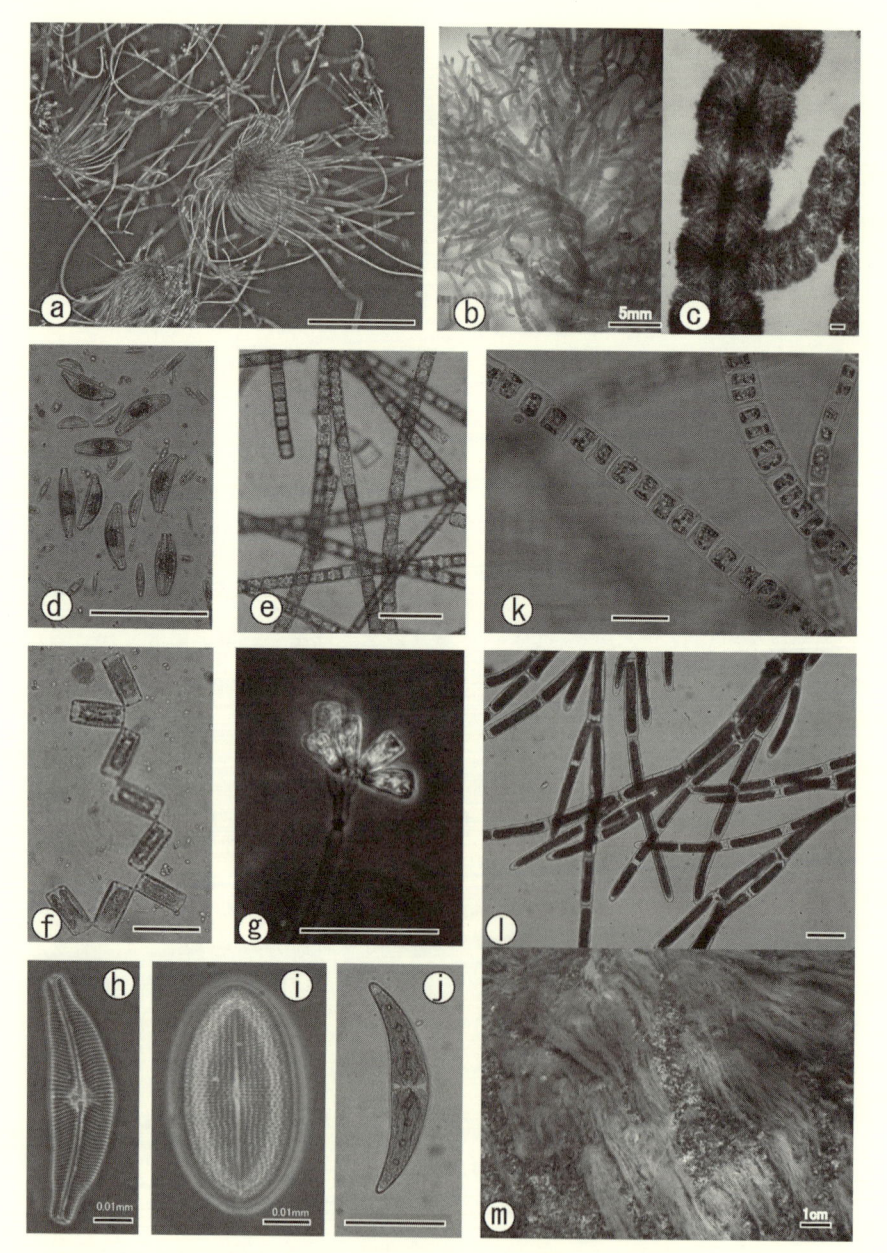

図 4.2　矢作川で観察された藻類の顕微鏡写真．スケールバーは表示以外は 0.1 mm.

(3) 珪　藻

　珪酸質，すなわちガラス質の殻を持つ単細胞生物である．多くは単独で生活するが（図 4.2d, 中央はクチビルケイソウ *Cymbella* 属），糸状（図 4.2e, *Melosira* 属），ジグザク状（図 4.2f, *Diatoma* 属）の群体をつくる生活型もある．珪藻は流されることを防ぐために，光合成の余剰産物である有機物を細胞外に排出して着生するが，クサビケイソウ（*Gomphonema* 属）は光を獲得するために有機物をストークと呼ばれる枝状にして着生することがある（図 4.2g）．珪藻は，環境指標生物としてよく用いられている（渡辺編，2005）．

　珪藻は，通常，無性的に二分裂を繰り返し，殻の内側へ新しい殻を形成し増殖する．そのため分裂を繰り返すうちに細胞が徐々に小さくなるので，ある時期になると配偶子を形成し有性生殖を行い，大きな接合胞子を形成し細胞の大きさを回復する（千原編，1999）．分類は殻の形態的特徴を基準に行われる．図 4.2h はクチビルケイソウ，図 4.2i はコバンケイソウ（*Cocconeis* 属）であるが，殻の模様は非常に緻密である．

　川から採集してきた珪藻は，そのままでは殻の模様はみえない．細胞の原形質など有機物を取り除く処理をし，ガラス質だけにした珪藻のプレパラートを作成し，高倍率（1000 倍程度）にした顕微鏡下で観察して種類を同定する．次に簡単で安全な処理方法（南雲，1995）の手順を示す．

手　順

1) 現地で採取した試料を試験管や遠沈管に少量入れ，試料の $\frac{1}{2}$ 量のパイプ洗浄液（「パイプユニッシュ」（ユニチャーム社製））を加える．攪拌後，30 分ほど放置する．

2) 蒸留水を加えて希釈し，1 時間ほど静置し珪藻が沈澱したら上澄みをピペットで取り捨てる．この作業を数回繰り返し，薬品成分を除去する．遠心分離器を用いると時間短縮できる．

3) 洗浄した試料は，ピペットで 1 滴をカバーグラスの上に落とし，電熱器やホットプレート上で熱を加えて乾燥させる．乾燥した試料が乗っている面をスライドグラス側に向け，高屈折率の封入剤プルーラックス（和光純薬マウントメディア）で封入し，永久プレパラートを作成する．

(4) 緑 藻

 緑藻は光合成色素としてクロロフィルaを多く含み,鮮やかな緑色にみえる.多様なグループを含み,陸上植物に進化した系統とそうでない系統の2つに分けられる(井上,2006).体のつくりは単細胞,群体さらに多細胞とさまざまであり,細胞膜は硬いセルロースで形成される.図 4.2j はミカヅキモ(*Closterium* 属),図 4.2k はヒビミドロ(*Ulothrix* 属),図 4.2l はカワシオグサ(*Cladophora* 属)である.矢作川ではカワシオグサの繁茂(図 4.2m)がしばしば観察される(内田ほか,2002).

[内田朝子]

4.2.2 計 数
器 具

 計数盤(ます目 1×1 mm),駒込ピペット 2 mL,マイクロピペット,数取器,光学顕微鏡,接眼ミクロメーター,対物ミクロメーター

計数試料の保存

 付着藻類は,定量的に採取した試料(2.9.2 項参照)をよく攪拌し,その一部を計数用に保存する.試料は,30〜50 mL 容量のガラス瓶やポリ瓶に入れ,ホルマリンを 3〜5%濃度になるように加える.なお,ホルマリンは酸性に変化するため,長期保存の場合,珪藻の殻が溶けてしまうことがある.それを防ぐために中性に調整したホルマリンを用いるとよい.

 浮遊藻類は,試水 100〜500 mL をメスシリンダーに入れ,ホルマリンを 1%濃度になるように加える.静置しておくと藻類が沈降するため,上澄みを捨て濃縮していく.最終的に 30〜50 mL になるまで濃縮する.

手 順

1) 計数盤を図 4.3 に示した.動物プランクトン用は,ます目の周囲に高さ 1 mm のゴム製の枠が貼ってあり,容量は 1 mL である.シオグサ,アオミドロなどの大型糸状緑藻の計数には,この動物プランクトン用の計数盤を用いる.なお,大型糸状緑藻は細胞が均一に懸濁できるように,計数前にハサミを用いて群体を 5〜10 mm に細かく切断しておく.微小藻類の計数は,枠がない計数盤を用い,ます目が印刷されている部分にビニールテープを 3〜5 枚重ねて貼り,中心部をカッターナイフでくり抜いて枠をつくる.枠の高さはデジタル

ノギスで測定しておく．
2) 試料をよく攪拌し，糸状緑藻など，大型の藻類については駒込ピペットで1mL，微小藻類の場合はマイクロピペットで50μLを計数盤の枠の内部に入れる．静かにカバーグラスをかけて，2～3分静置すると細胞が底に沈み，顕微鏡観察が容易になる．
3) 数取器や集計用紙を用いて，種あるいは属ごとに計数する．大型糸状緑藻は試料1mL中の細胞数すべてを計数する．微小藻類は，1×1mmのます目単位で計数し，計数した細胞数が全体で300～400細胞に達するまで行う（大塚，1998）．*Phormidium*属，*Homoeothrix*属に代表される糸状のシアノバクテリアは細胞が細かく計数が困難であるため，糸状体や群体で計数する．
4) 付着藻類は，計数値（細胞数）を採集面積（cm^2），剥ぎ取り洗い流した水量（mL），計数盤に入れた試料の量（mLまたはμL），計数したます目の数という情報を用いて，単位面積あたりの細胞数として算出する（細胞数/cm^2またはm^2）．浮遊藻類は，計数値（細胞数）を濃縮する前の水量（mL），濃縮後の水量（mL），計数盤に入れた試料の量（μL），計数したます目の数から，単位体積あたりの細胞数として算出する（細胞数/Lまたはm^3）．

藻類は，種によって細胞の大きさが著しく異なる．そのため，細胞数が多くても小さいために，量として優占していないという状況もありうる．そこで，細胞体積（容積）で表すという手法が行われている（Nozaki, 1999）．藻類を

図 **4.3** 計数盤2種類．上は大型糸状緑藻に用いる動物プランクトン用計数盤，下は微小藻類用の計数盤．

幾何学的な立体に近似し，体積を算出するために必要な寸法を，対物ミクロメーターで倍率ごとに測定した接眼ミクロメーターの値を用いて計測する．

[野崎健太郎・石田典子]

4.2.3 クロロフィル

クロロフィル（葉緑素）は，光の補捉・伝達を担う光合成色素の1つである．藻類が持つ光合成色素は種類により異なるが，クロロフィルaはすべての藻類に共通する色素であり，藻類現存量の指標として使われている．クロロフィルは，可視光線（400〜750 nm）の中の赤（620〜750 nm）と青紫（400〜500 nm）の光を強く吸収する．クロロフィルは緑（500〜570 nm）の光を吸収しないため，植物の葉などは緑色にみえる．図 4.4 は，付着藻群落のクロロフィルa量の季節変化である．出水が多い夏期に減少し，河床が安定する秋から冬にかけて増加する傾向がみられる．

(1) 藻類試料のろ過

器　具

ろ過器，吸引瓶，ハンドポンプもしくは電動ポンプ，ガラス繊維ろ紙（直径 47 mm，たとえば，東洋ろ紙 GA-100 または GF-75），ピンセット，メスシリンダー（100 mL），アルミホイル

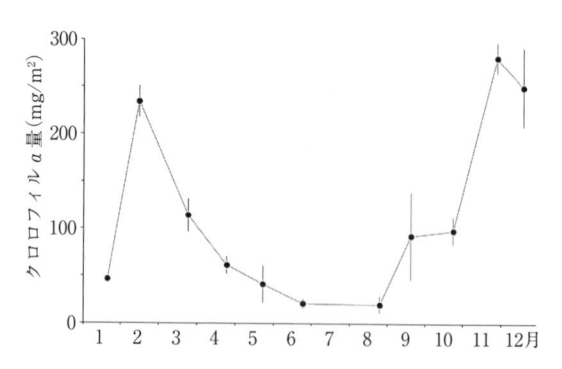

図 4.4 矢作川中流（河口から 42 km 地点，愛知県豊田市）における付着藻群落のクロロフィルa量（平均値±標準偏差）の季節変化（野崎，2004）．

手　順

1) ろ過器にガラス繊維ろ紙を設置する．
2) ポリ瓶に入った藻類試料をよく攪拌し，懸濁物質を均質にする．
3) 懸濁物質の濃度に応じて藻類試料 10～50 mL をメスシリンダーで量りとり，ろ過器に流し入れポンプで吸引する．ろ過した水量は必ず記録する．
4) 藻類試料を集めたろ紙は，試料面を内側にして半円形に二つ折りする．
5) アルミホイルでろ紙を包み，試料名（採集地点），採集日を明記し凍結保存する．

(2) 吸光光度法によるクロロフィルの分析

　ユネスコ法（SCOR/UNESCO, 1966）とロレンツェン法（Lorenzen, 1967）を紹介する．前者は全クロロフィル a および緑藻に含まれるクロロフィル b や珪藻，鞭毛藻類に含まれるクロロフィル c 量を測定する方法であるが，クロロフィル a の分解産物であるフェオ色素も測定され，クロロフィル b, c は参考値と考えられている．後者はクロロフィル a とフェオ色素を分けて測定できる

器　具

　三角フラスコまたはビーカー（50～100 mL），メスシリンダー（50 mL），ロート，試験管，試験管立て，プラスチック製ラップ，紙ろ紙，分光光度計

試　薬

　90％アセトン溶液（蒸留水で希釈），1 mol 塩酸（濃塩酸は 12 mol，蒸留水で希釈）

手　順

1) 冷凍保存しておいたガラス繊維ろ紙をハサミで細かく裁断して三角フラスコに入れる．90％アセトンを 15 mL 注入する．
2) 三角フラスコの口をラップで密封し，原則として 10 時間程度，暗条件で放置する．
3) ロートに紙ろ紙を設置し，三角フラスコのアセトンをろ過する．
4) 分光光度計でろ液の 750, 665, 645, 630 nm における吸光度を測定する．750 nm の吸光度はろ液の濁り成分を示しているので，後で差し引く．測定が終わったら，ろ液のアセトン溶液を試験官に戻す．
5) 試験管に戻した 90％アセトン溶液に，1 mol 塩酸 2 滴を添加し数分おく．

6) 再度 750, 665 nm の波長で吸光度を測定する.
7) 各波長における吸光度から 750 nm における吸光度を差し引いた値（それぞれ E663, E645, E630）を求め，式 (1)～(3) からユネスコ法によるクロロフィル量を算出する.

$$\text{クロロフィル } a(\mu g/mL) = (11.64 \times E663) - (2.16 \times E645) - (0.10 \times E630) \quad (1)$$
$$\text{クロロフィル } b(\mu g/mL) = (-3.94 \times E663) + (20.97 \times E645) - (3.66 \times E630) \quad (2)$$
$$\text{クロロフィル } c(\mu g/mL) = (-5.53 \times E663) - (14.81 \times E645) + (54.22 \times E630) \quad (3)$$

8) 式 (4), (5) からロレンツェン法によるクロロフィル a およびフェオ色素量を計算する．ここで，E665, E665a はそれぞれ酸添加前後の吸光度から 750 nm における吸光度を差し引いたものである．

$$\text{クロロフィル } a \ (\mu g/mL) = 26.7 \times (E665 - E665a) \quad (4)$$
$$\text{フェオ色素 } a \ (\mu g/mL) = 26.7 \times (1.7 \times E665a - E665) \quad (5)$$

9) 式 (1)～(5) で得られた値は，試験管の中に入っているアセトン 1 mL に含まれているクロロフィル量である．アセトンは 15 mL 加えているので，得られた量を 15 倍するとろ紙に集めた藻類試料全体のクロロフィル量になる．付着藻類のクロロフィル量は単位面積あたり（mg/m^2）で表すため，採取した石の面積（cm^2），懸濁させた水の量（mL）およびろ過量（mL）から逆算して算出する．

[野崎健太郎]

4.2.4 藻類の光合成と呼吸

(1) 光合成-光曲線法を用いた擬似現場法

図 4.5 は，石面に付着する藻類の光合成-光曲線（P-I 曲線）である（野崎ほか, 2003）．光合成活性 P（単位クロロフィル a 量あたりの光合成速度）は，光強度 I が増加していくと高くなるが，ある一定の光の強さ以上では，ほぼ一定の値を示す．この飽和した値は最大光合成速度 P_{max} であり，この値が大きいほど活発に光合成を行い，有機物を生産していることを示す．P_{max} は酵素反応の速度を反映しているので温度に強い影響を受ける．したがって，一般的には冬期に低下する．また強光下で光合成活性が低下する現象は強光阻害と呼ばれる．P-I 曲線からは，藻類の生理状態と環境条件とのさまざまな関係が読み取れる（高橋ほか, 1996）．

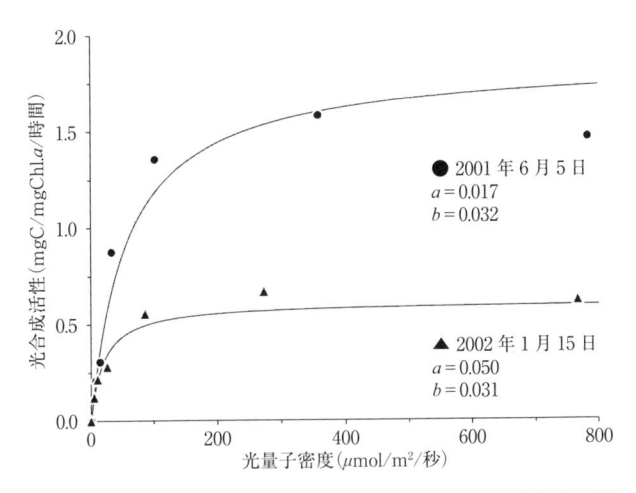

図 4.5 矢作川中流域で採集された付着藻の光合成-光曲線（野崎ほか，2003）

P-I 曲線は，顕著な強光阻害が観察されなければ，直角双曲線で近似できる（Tamiya, 1951）．

$$P = \frac{bI}{1+aI} \quad (1)$$

ここで，P：光合成活性（mgO_2 または $mgC/mgChl.a$/時間），I：光強度（光量子密度：$\mu mol/m^2$/秒や照度：lx），a および b：定数．a および b の算出には，式 (1) を逆数に変換した式 (2) を用いる．

$$\frac{1}{P} = \frac{1}{I} \times \frac{1}{b} + \frac{a}{b} \quad (2)$$

式 (2) は一次関数の式，$y = Ax + B$ とみなせるため，$(1/b)$ を式 (2) の A，(a/b) を式 (2) の B とし，P と I には実測値を代入する．*P-I* 曲線を作成する場合には，最低でも 5〜6 段階の光強度を設定して光合成を測定するため，A $(1/b)$ と B (a/b) がそれぞれ 5〜6 以上ある 2 つの数列が得られる．2 つの数列の関係を最小二乗法で直線近似させ，傾きとしての A' と y 切片としての B' を算出し，それらの値を用いて a と b を求める．現在はソフトウェアが普及しているので，強光阻害が認められる複雑な *P-I* 曲線でも，より実測値に適合した近似式が簡便に得られる．

器 具

酸素瓶 24 本（100 mL），プラスチック舟（縦 100 cm×幅 50 cm×深さ 20 cm），光源 2 個（昼光色の電球 300～500 W），光源用のソケットとコード 2 個，光源用のスタンド 2 本（鉄製スタンドとクランプで組み立てる），水道ホース，酸素瓶を包める黒い布袋，プラスチック舟全体を覆う暗箱もしくは暗幕，手付きのプラスチックビーカー（1 L）2 個，溶存酸素ウインクラー法の 1 液と 2 液，注射器（1 mL）2 本，ポリタンク（3～5 L）1 個，水中光量子計または照度計 1 台，棒温度計

手 順

1) 調査地から付着藻類と河川水 3～5 L を採取し実験室に持ち帰る．付着藻類は，河川水に懸濁させ，温度が上がらないように運ぶ．
2) プラスチック舟を設置し，光源と水道水を掛け流すホースを準備する．
3) 付着藻類の一部をビーカー 1 個に入れ，河川水で 1 L に希釈し試料を調整する．大型の糸状緑藻は，均等に分散させるため，群体をハサミで 1 cm 程度の長さに切断する．希釈の程度は，クロロフィル a 濃度として 0.1～0.2 mgChl. a/L 程度とする．ビーカー 2 個を両手に持ち，付着藻試料を交互に入れ替え，懸濁物質の濃度を均一に保ちながら酸素瓶 8 本に詰める．その内 1 本は最初の溶存酸素濃度を求めるために基準瓶として固定する．
4) 7 本の瓶は，水温の上昇を防ぐために水道水をかけ流したプラスチック舟に入れ，暗条件 1 本（黒布の袋，アルミホイルで包む），光量子密度を 5～1000 μmol/m^2/秒の間で 6 段階（たとえば，相対光強度として，0.5，5，10，

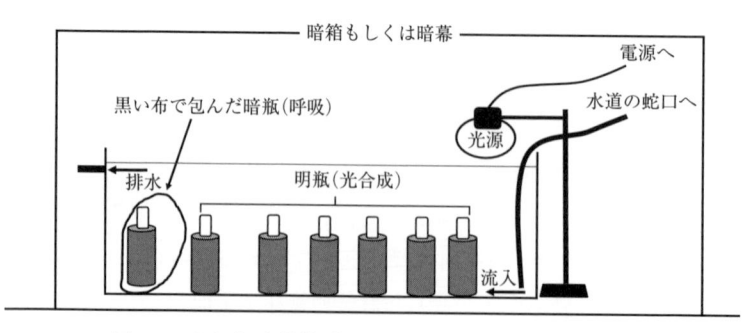

図 4.6 光合成-光曲線（P-I 曲線）を作成する培養方法．

20, 50, 100%）に調整した明条件の下に各1本を置き一定時間（1〜3時間程度）培養する（図4.6）．なお，照度であれば，最大を50000 lx 程度に調整する．光強度は光源からの距離で調整する．残った試料は，クロロフィル a 濃度を分析するために100〜150 mL 程度をガラス繊維ろ紙にろ過して凍結保存する．プラスチック舟は，ダンボール箱などで作った暗箱か暗幕で覆う．以上，3）〜5）を3回繰り返し，3連の実験として行う．

5）培養終了後，まず水温を測定する．その後，溶存酸素を固定し，ウインクラーアジ化ナトリウム法で定量する（3.4節参照）．光合成と呼吸は，基準瓶と暗瓶・明瓶との溶存酸素濃度の増減を培養時間で割り，単位時間・単位容量あたりの酸素生産および消費速度（mgO_2/L/時間）として表す．ここで酸素生産速度は純生産 P_n を，消費速度は呼吸 R を示すので，総生産 P_g は $P_n + R$ で算出する．

6）P_g を試料中のクロロフィル a 濃度（$mgChl.a$/L）で割り，光合成活性 P（mgO_2 または mgC/$mgChl.a$/時間）を算出する．酸素を炭素に換算する場合は呼吸商（PQ 値）を1と考え，換算係数 0.375 を乗じる．光量子密度と光合成活性から P-I 曲線を作成する．なお，調査地の南中時の光強度，あるいは気象庁ウェブサイトから調査地付近の光強度の日変化（単位が MJ/m^2/時間で示された日射量）を入手すれば P-I 曲線と調査地のクロロフィル a 量（$mgChl.a$/m^2）を用いて1日あたりの一次生産を算出することができる（Nozaki, 2001；野崎, 2013）．

　温度・光条件を調整できる人工気象器が設置されていれば，測定が簡便になる．光強度の調整は，酸素瓶に黒の寒冷紗（野菜栽培用のメッシュ）を1重，2重，3重…に包んで行う．事前に寒冷紗による光の減衰を測定しておく．

(2) 現　場　法

　調査地に長く滞在することが可能であれば，以下の手順で1日あたりの光合成と呼吸を測定することができる．ただし過飽和とならないように藻類濃度を調整する配慮が必要である．生態系全体の生産および呼吸速度を算出するためには溶存酸素濃度の日変化から推定する手法がもっとも妥当である（Odum, 1956；萱場, 2005）．実際の測定に当たっては岩田（2012）の総説が有用である．

器　具

　酸素瓶（100 mL）9本，酸素瓶を包める黒い布袋，手付きのプラスチックビーカー（1 L）2個，溶存酸素1液と2液，注射器（1 mL）2本，棒温度計

手　順

1)　培養は，夜明けから12時まで，もしくは12時から日没まで日照時間についての半日で行う．それに間に合うように測定準備を行う．

2)　光合成-光曲線法3)と同じ手順で付着藻試料を調製し，9本の酸素瓶に詰める．そのうち3本は，基準瓶として溶存酸素を固定する．残った6本のうち，3本は暗瓶として黒い袋で包み，残りの3本は明瓶として採集地点に置く．培養開始時の水温を測定する．

3)　培養終了後，まず水温を測定し，続いて現地で溶存酸素を固定し実験室に持ち帰る．光合成-光曲線法5)と同じ手順で溶存酸素濃度の増減を算出する．酸素生産および消費速度（mgO_2/L/時間）を試料中のクロロフィル a 濃度（mgChl.a/L）で割り，光合成（mgO_2/mgChl.a/半日）および呼吸速度（mgO_2/mgChl.a/時間）を求め，以下の式から1日の一次生産を推定する．

純生産（mgO_2/日）＝光合成活性×調査地のクロロフィル a 量（mgChl.a/m^2）×2
呼吸（mgO_2/日）＝呼吸活性×調査地のクロロフィル a 量（mgChl.a/m^2）×24（時間）
総生産（mgO_2/日）＝純生産＋呼吸

(3)　溶存酸素以外の指標を用いた測定法

　今回は簡便に測定できる溶存酸素を指標としたが，炭素同位体 C^{14}（Ishida *et al.*, 2006）や C^{13}（Hama *et al.*, 1983）の取り込み，PAM法によるクロロフィル蛍光測定（Goto *et al.*, 2008）を用いれば，より短時間で測定することができる．

〔野崎健太郎・石田典子〕

4.3　水　　　　　草

4.3.1　分　類

　水草とは，水中や水辺に生育する種子植物とシダ植物の総称である．水田雑草や湿性植物を水草として数えれば，日本には400種近くが存在することになるが，通常の状態で水に浸かって生育する植物に限れば，およそ200種あまり

である（角野，1994）．水草は進化の過程において生活の場を陸上からふたたび水中に求めて適応してきた植物であり（Cronk and Fennessy, 2001），調査研究する上では生活形の違いをもとに取り扱った方がよい．なぜならそれぞれの生活形は，水中への適応の程度を反映した特性を持っているからである．

ヨシ（*Phragmites australis*），マコモ（*Zizania latifolia*）など茎葉の大部分を水面上に突き出して生育する抽水植物は，貧酸素環境に強い根系を持つことで水中生活へ適応したが，植物体の形態や生理的な特性は陸上植物に近い．チクゴスズメノヒエ（*Paspalum distichum* var. *indutum*）などは，茎葉が直立せず水面に広がって浮島のような状態で生育するため，半抽水植物と呼ぶ場合もある．

ヒルムシロ（*Potamogeton distinctus*）やヒシ（*Trapa japonica*）などの浮葉植物は（図 4.7），浮力を持った葉を水面に浮かべることでより深い水深にまで進出し，そこで光を優位に受けながら生育する．しかし流速の早い水域での生育は難しい．ウキクサ（*Spirodela polyrhiza*）やホテイアオイ（*Eichhornia crassipes*）など，水面に漂いながら生育する浮遊植物も充分に水中生活に適応した植物であるが，河川河口部などを除いてやはり流水中での生育は難しい．

農業用水路や都市小河川などでみかける機会が多いのは，ヤナギモ（*Potamogeton oxyphyllus*）やエビモ（*Potamogeton crispus*），コカナダモ（*Elodea nuttallii*）やセキショウモ（*Vallisneria natans*）など，草体全体が水没して生育する沈水植物である（図 4.7）．ちなみに，このヒルムシロ属 *Potamogeton* には「*potamo*：河川の」という意味がある．

これら水草を分類同定する上での図鑑としては角野（1994）が挙げられる．入手が容易で使いやすい書籍として滋賀の理科教材編集委員会（1989），浜島・須賀（2005）がある．線画での図鑑として貴重であった大滝・石戸（1980）は，復刻版が入手できるようになったが，ヒルムシロ科などいくつかの図に誤記があり，他の図鑑と引き合わせながら使用されたい．また近年各地で外来水草の繁茂が問題となっており，それらの同定には清水（2003）などの参照も必要となるだろう．

同定が難しい場合には専門家に依頼することも多く，かならず腊葉標本（押し葉標本）は作成するよう心がけたい．作成は陸上植物の腊葉標本の要領でか

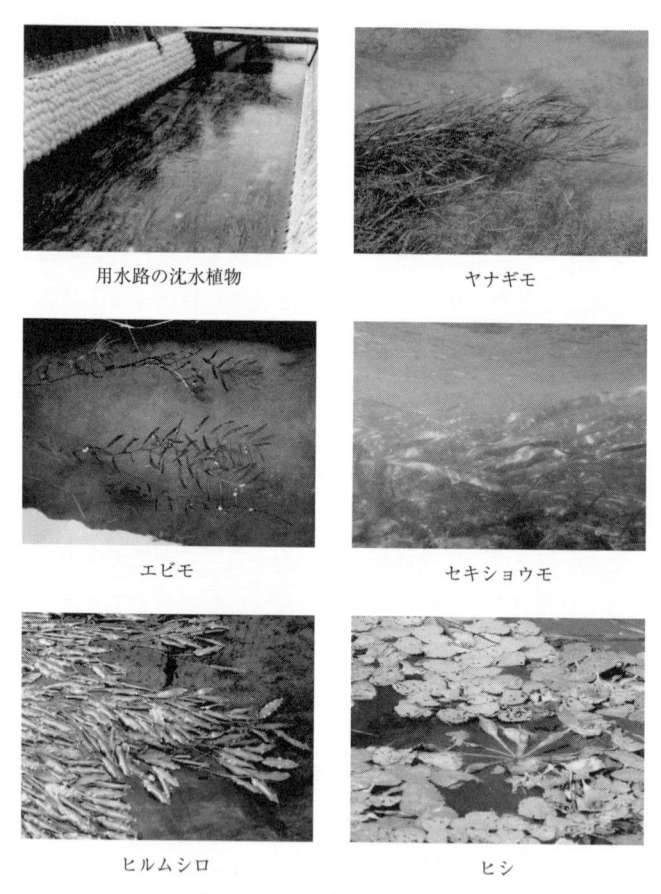

用水路の沈水植物	ヤナギモ
エビモ	セキショウモ
ヒルムシロ	ヒシ

図 4.7 身近に観察される水草

まわないが，沈水植物などは新聞紙に挟むと植物体と紙がはがれなくなることがある．そうした場合，あらかじめ植物体を濡れたまま台紙に載せて形を整え，それを布で挟んでから乾燥させるときれいな標本を作ることができる．

4.3.2 現存量

　水草は腐敗しやすく，できるだけ早く処理する．試料が多い場合，水分を切った状態でビニール袋ごと冷蔵庫あるいは冷凍庫で保管する．種類ごとに茎の本数や長さ，葉の枚数や葉面積を記録しておく．

現存量は乾燥重量が一般的である．試料が多い場合には，まず試料全体の湿重量を測定し，一部について測定した乾燥重量から換算する．湿重量は水分をよく切った状態で測定する．乾燥重量は熱風乾燥機で定量になるまで乾燥させて測定するが（80～90℃，48時間以上），紙袋に入れて乾燥させた場合，中心部はいつまでたっても乾燥していないことがあるので注意が必要である．

河川で測定された水草群落の現存量を表4.1に示した．沈水植物群落では数十～数百 g/m^2 程度の乾燥重量である．近年繁茂が問題となっている外来水草のチクゴスズメノヒエやホテイアオイの現存量は，これらより1桁ほど大きい．国内外の水草群落の現存量をまとめた生嶋（1972）によれば，沈水植物群落や浮葉植物群落の現存量は 50～300 g/m^2（平均 180 g/m^2）である．一方，陸上草原の現存量は 200～5000 g/m^2（平均 1500 g/m^2）であり，チクゴスズメノヒエやホテイアオイの現存量は陸上草原の現存量に匹敵する．

4.3.3 光合成と呼吸

抽水植物と浮葉植物の光合成速度は，陸上植物と同じく，二酸化炭素の吸収速度として測定されるが，その測定装置はきわめて高価なものとなる（野田・村岡，2009）．沈水植物は，藻類の調査法で紹介されている明暗瓶法により，

表4.1 水草の現存量

群落	場所	構成種	現存量	
			湿重量 (kg/m^2)	乾燥重量 (g/m^2)
半抽水群落	金沢市・金腐川	チクゴスズメノヒエ	―	862～1860
浮葉植物群落	茨城県・霞ヶ浦[*1]	ヒシ		270～330
浮遊植物群落	鹿児島県・河川ため池など[*2]	ホテイアオイ		425～2399
沈水植物群落	大町市・農具川	コカナダモ クロモ 計	0.88～3.60 0.20～3.50 2.48～5.01	59～311 8～279 181～539
沈水植物群落	金沢市・金腐川	ヤナギモの雑種 コカナダモ 計	0.19～1.03 0.0～0.14 0.19～1.08	18～75 0～1 18～75

*1 Tsuchiya *et al.* (1987)
*2 本村・宮村（1999）
他は永坂（未発表）

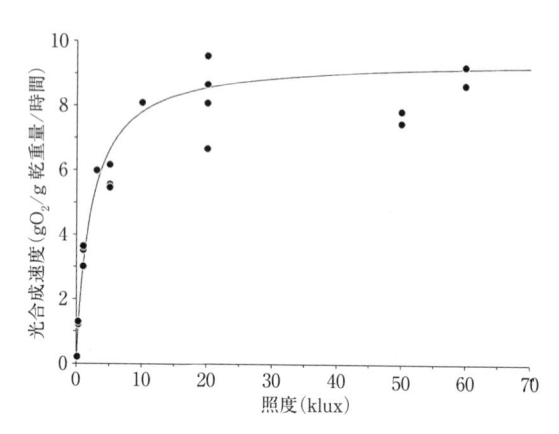

図4.8 コカナダモの光合成-光曲線の事例（永坂，未発表）．

実施可能である．容量がわかっている酸素瓶やフラスコに水と水草の枝先を封じ込めマグネットスターラーの回転子を投入する．温度を保ち，スターラーで撹拌しながら光を照射する．照射前後の瓶内の溶存酸素濃度を測定することにより光合成速度を，そして瓶を遮光すれば呼吸速度を求めることができる．溶存酸素濃度はウインクラー法か溶存酸素計を用いて測定する．

　図4.8は，コカナダモの芽先（15cm×3本）を用いて測定した光合成-光曲線である．光合成-光曲線は，生理的な特性を理解するためには意義がある．しかし，人工光は太陽光の疑似に過ぎず，植物体の部位によって光合成速度は異なることから，室内で測定された光合成速度が野外での植物の生活上どのような意味を持つか，その解釈は難しい．水草群落による基礎生産を推定したいのであれば，現場の溶存酸素濃度の日変化を用いるOdum (1956) や萱場 (2005) の方法が適している（岩田，2012を参照）．　　　　　　　［永坂正夫］

4.4　貝　　　類

4.4.1　分類と同定

　貝類は主に巻貝（腹足類）と二枚貝（斧足類）に分けられる．希少種，外来種や水質指標種の種数や個体数を調査すれば，その水域の環境を診断することができる．多くの貝類は殻の形質によりおおむね同定できるため，ここでは殻

の形質（形態）に基づく方法を紹介する．原始紐舌目のタニシ科とカワニナ科は革質の蓋を持ち卵胎生である．マルタニシ（図4.9.1）はよく膨らみ丸みを持つため縫合は深い．オオタニシ（図4.9.2）は前種より膨らまず螺塔が高い．汚濁耐性のあるヒメタニシ（図4.9.3）は前二種より小型で螺条脈がやや目立つ．カワニナ科は水棲ホタルの餌として乱獲や放流が問題となっている．カワニナ（図4.9.4）は縦肋が顕著なチリメンカワニナ（図4.9.5）に比べ螺条脈のみを持つ．クロダカワニナ（図4.9.6）は殻底肋が5～6本と前2種より少ないことで区別できる．ただしクロダカワニナは地域変異が著しいため，識別が困難な場合は胎児殻を実体顕微鏡で観察する．本種であれば胎児殻の螺層に瘤状突起を確認できる．タニシ科とカワニナ科は胎児殻を観察することで同定の精度が増す．準絶滅危惧種のモノアラガイ（図4.9.8）は殻口が大きいことでヒメモノアラガイ（図4.9.7）と容易に区別できる．基眼目のモノアラガイ科は観賞魚の輸入に伴い水草などに付着して国内に持ち込まれることが多く，在来種と似て非なる外来種が分布を拡大しているので同定には注意が必要である．汚濁に強いサカマキガイ（図4.9.9）はヨーロッパ原産の外来種で和名の通り左巻きであることで容易に識別できる．従来ドブガイと呼んでいたイシガイ科の大形二枚貝は，ヌマガイ（図4.9.11）とタガイ（図4.9.10）の2種に分けられた．30 cmを超えることがあるヌマガイはタガイに比べて大形で膨らみが強い．タガイは一般に殻長が10 cmを超えず膨らみは弱い．中間的な個体の場合は，判別関数＝(−1.045)×殻長＋1.092×殻高＋1.383×殻幅−13.165を用いる判別方法がある（近藤ほか，2011）．計算値が正であればヌマガイ，負であればタガイと判定する．マシジミ（図4.9.12）は日本各地で激減し，第四次レッドリストで遂に絶滅危惧II類に指定された．国内の淡水域にみられるシジミ類の大半は外来種のタイワンシジミ（図4.9.13）である．殻表が黄色系になる場合はタイワンシジミの可能性が高い．最近の研究ではマシジミとタイワンシジミが同種である可能性も指摘されている．なお主に食用にされるシジミは汽水域のヤマトシジミである．さらに詳しく調べたい方には，淡水貝の同定の教科書として，増田・内山（2004）のカラー図鑑が使いやすい．イシガイ目の詳細については近藤（2008）を参照されたい．

図 4.9　河川に生息する淡水産貝類.
1：マルタニシ *Cipangopaludina chinensis laeta* (Martens, 1860),
2：オオタニシ *Cipangopaludina japonica* (Martens, 1860),
3：ヒメタニシ *Sinotaia quadrata histrica* (Gould, 1859),
4：カワニナ *Semisulcospira libertina* (Gould, 1859),
5：チリメンカワニナ *Semisulcospira reiniana* (Brot, 1877),
6：クロダカワニナ *Semisulcospira kurodai* (Kajiyama et Habe, 1961),
7：ヒメモノアラガイ *Fossaria ollula* (Gould, 1859),
8：モノアラガイ *Radix japonica* (Jay, 1857),
9：サカマキガイ *Physa acuta* (Draparnaud, 1805),
10：タガイ *Anodonta japonica* (Clessin, 1874),
11：ヌマガイ *Anodonta lauta* (Martens, 1877),
12：マシジミ *Corbicula leana* (Prime, 1864),
13：タイワンシジミ *Corbicula fluminea* (Muller, 1774).

4.4.2 現存量

　湿重量と乾燥重量の2通りがある．湿重量は，ろ紙上で水分を充分に除去して秤量する．二枚貝は閉殻筋を切断し水を充分に取り除いてから測定する．室内であれば茹でて軟体を取り出し殻と軟体を別々に測定する．体液の流出を防ぐため内臓を破損しないように注意する．精密に測定する乾燥重量は乾燥機で恒量になるまで乾燥する．60～80℃の乾燥機を用いるのが一般的であるが，大型の二枚貝では乾燥までに数日間を要する．この場合も殻と軟体を別々に測定する．あわせて巻貝は殻高と殻径，二枚貝は殻長，殻高と殻幅を計って記録する．計測にはデジタルノギスが便利である．殻の大きさと重量の間には相関が認められる場合が多い．たとえば，二枚貝の外来種カワヒバリガイでは，殻長と貝殻を除いた軟体部湿重量との間に，以下の換算式が報告されている（内田ほか，2007）．このような式を作成すれば，殻の大きさを測定することで重量を推定できる．湿重量$(g) = 0.00003 \times [殻長(mm)]^3 + 0.0189$

4.4.3 標本のつくり方

　同定や個体数の証拠標本として残すのであれば液浸標本にする．泥や藻類などの付着物を柔らかいブラシで取り除き，生きたまま70～80％エタノールに入れる．消毒用の濃度でも充分であるが軟体に含まれる水分などで濃度が低くなるため，24時間程度で新鮮なエタノールと交換するのが望ましい．これは腐敗を防ぐためである．10％のホルマリンでも代用できるが人体に有毒であるため最近はほとんど使われない．学術的な標本の場合は殻の乾燥標本，軟体部の冷凍標本と液浸標本を作製する．まず貝類を煮沸して軟体部を取り出す．巻貝は途中で軟体部をちぎらないようにピンセットを用いて丁寧に抜き取る．蓋を持つ種は蓋を取り外し，殻とともに陰干しして乾燥させる．乾燥後殻口から綿などを詰めてその上に木工用ボンドなどで軽く蓋を貼り付けておく．殻を破損しないように標本ケースに綿を詰め貝とラベルを入れる．取り出した軟体をDNA分析に用いる場合，巻貝であれば腹足を，二枚貝であれば斧足をそれぞれ$1cm^3$切断して99％エタノールで固定する．軟体に含まれる水分でエタノールが薄まるのを避けるためエタノールを1～2回新しく交換するのが望ましい．解剖をする場合には薬品に浸漬すると組織が硬化するので冷凍保存が適当

［川瀬基弘］

4.5 水 生 昆 虫

4.5.1 分 類

　主な水生昆虫は，カワゲラ（肉食と雑食），カゲロウ（主に植食），トビケラ（主に植食），ヘビトンボ（肉食），トンボの幼虫であるヤゴ（肉食）である（図4.10）．いずれも，足は6本である．野外から持ち帰った試料は，これら5つに仕分け，該当しない水生動物はその他とする．

　カワゲラ（図4.10a）とカゲロウ（図4.10b）は，全身がキチン質と呼ばれる硬い殻に覆われている．カワゲラの尾は2本．カゲロウの尾は多くが3本であるが，ヒラタカゲロウの仲間には2本の種類もある．ヒラタカゲロウは名前の通り体が平たく石に張り付くのに対し，カワゲラは石の上を活発に歩くというように体型と行動の特徴に違いがある．

　トビケラ（図4.10c）とヘビトンボ（図4.10d）は，体の前方（頭部と胸部の一部）はキチン質に覆われているが，大部分がイモムシを思わせる体をしている．ヘビトンボは6本の足の他に腹部の各節ごとに1対の足のようにみえる鰓足が目立つのが特徴である．多くのトビケラは，石や落ち葉などで作った巣を持つ．ヘビトンボは体長が5cmを超えるものが多く，大きな顎で咬まれると痛いので注意する．

　ヤゴ（図4.10e〜g）は，終齢幼虫で3〜5cmとなる大型の水生昆虫である．体の形状がさまざまであり，平たい形状のヤゴは潜伏型，筒型の形状のヤゴは遊泳型の生活を行う．体が極端に細長く，足が長いイトトンボの仲間のヤゴ（図4.10g）は，一般的なヤゴの形状と大きく異なる．

　その他に採集される水生動物としては，ハエの幼虫（ガガンボ，ユスリカ，ブユ，アブなど），ドロムシ，昆虫ではないミミズ類，ヒル，ミズムシ，ヨコエビ，サワガニ，モクズガニなどがある．ハエの幼虫はウジ型で膜質の体をしており，トビケラと異なり頭部はキチン質に覆われていない．ドロムシの多くはヒラタドロムシで，体は硬くて平たい円形である．

　ここでは，おおまかに分類する方法を述べたが，やや詳しく分類するには，

図 4.10 河川とその周辺で見られる主な水生昆虫. a:カワゲラ, b:カゲロウ, c:トビケラ, d:ヘビトンボ, e:ショウジョウトンボのヤゴ, f:ギンヤンマのヤゴ, g:イトトンボのヤゴ.

『滋賀の水生昆虫』(滋賀県小中学校教育研究会理科部会, 1991) や『原色川虫図鑑』(丸山・高井, 2000) などを参照されたい. 専門的に分類する場合には,『日本産水生昆虫—科・属・種への検索』(川合・谷田編, 2005) を参照する.

4.5.2 現 存 量

どれくらいの水生昆虫がいるかを示す場合,個体数で表すのは適切でない. それは,個体あたりの大きさが種や齢によって異なるからである. 生物量は,単位面積内に生息する生物の重さで表し (単位 g/m^2),湿重量と乾燥重量がある.

湿重量は,生きた個体もしくは 10〜20%ホルマリンなどで固定された個体を1匹ずつ (小さな個体は何匹かまとめて) 電子天秤で測定する. 測定前に,昆虫の体に付いた水滴を取り除くためティッシュペーパーで軽く拭きとる. 小型のカゲロウでは,個体あたりの重量が 1mg 程度のものもあるので,0.1mg まで測定できる天秤を使うことが望ましい. 造網性トビケラ (ヒゲナガカワトビケラなど) が優占する矢作川中流では,底生動物の湿重量の平均値が $20 g/m^2$,最大で $100〜150 g/m^2$ に達する (小川ほか, 2003).

乾燥重量は,60℃で 24〜48 時間乾燥させた後,電子天秤で測定する. 大きなサワガニは,晴れた日に 1〜2 日ほど天日干ししてから乾燥機に入れるとよい. 乾燥重量の測定には,昆虫を乾燥させる手間がかかり,乾燥後の重量は軽くなるため精度の高い天秤が必要となる. そこでよくみられる水生動物については表 4.2 にある,乾燥重量／湿重量の比を用いると,簡単に湿重量から乾燥重量を計算することができる.

表 4.2 主な水生動物における乾燥重量／湿重量比の平均値 (江口ほか, 2014).

分類群	計測した個体数 (匹)	乾燥重量／湿重量比 (%)
カワゲラ	106	29.4
カゲロウ	364	28.8
トビケラ	81	26.2
ヘビトンボ	8	17.1
ハエ	33	15.5
ヤゴ	14	28.9
ドロムシ	60	22.8
サワガニ	204	24.2

4.5.3 呼　吸

　生理的活性（代謝）を測る1つの方法として，呼吸量の測定がある．呼吸量は，水中で昆虫を一定時間培養し，水中に溶けた酸素（溶存酸素，DO）の消費量を測定する．

器　具

　300 mL 酸素瓶，100 mL 酸素瓶，シリコン製などのチューブ（長さ50～100 cm），ステンレス製の網（大きさ1.5×4 cm，目あい1～2 mm 程度のもの）．酸素びん（300 mL，100 mL）は，呼吸量を測定するため水生昆虫を培養するためのもの（測定する個体数分）と，水生昆虫を入れない比較用のもの（対照用，3本）をそれぞれ用意する．

手　順

1) 300 mL 酸素瓶を泡が立たないように静かに河川水で満たし，ステンレス製の網を入れる．水生昆虫はそれにつかまり，不必要に動き回ることが少なくなる．条件を同じにするため，対照用にも網を入れる．

2) 培養用の瓶には水生昆虫を1個体（小さな昆虫は複数匹）入れ，対照用には何も入れず，酸素瓶のふたをしっかり締める．ふたを閉めた時刻が培養開始時刻となる．培養は水温が変わらないように川の中に沈め，上から黒い覆いをかけて暗くする（水生昆虫は石の裏など暗い所にいるため）．

3) ある一定の時間 T（単位：時間）が経過した後，酸素瓶を2～3回，静かに上下し攪拌した後，ふたを開けチューブを用いてサイフォンの原理で300 mL 酸素瓶から100 mL 酸素びんへ静かに水を移す．100 mL 酸素瓶に移された溶存酸素を，ウィンクラー法で測定する（第3章を参照）．対照の溶存酸素は，3本の平均値とする．

4) 培養した瓶の溶存酸素濃度を DO_{insect}（単位 mg/L），対照を $DO_{control}$ とすると，1時間あたりの呼吸量は以下の式で与えられる（酸素瓶内の網と水生昆虫の体積の影響は小さいとする）．

$$呼吸量(mgO_2/時間) = \frac{DO_{control} - DO_{insect}}{T}$$

5) 培養時間 T は，水生昆虫の大きさや水温によって異なる．比較的大型のカワゲラについては，夏は3時間，冬は6時間．カワゲラに比べて小さいカゲ

ロウなどは，夏は8時間，冬は24時間が目安となる．単位体重あたりの呼吸量（mgO_2/g/時間）を求めるには，1個体あたりの重量を量り，1個体あたりの呼吸量をその体重で割る．300 mL 酸素瓶内で培養する水生昆虫の個体数は，カワゲラが1匹，カゲロウは5〜15匹，ユスリカでは10〜30匹が目安となる（Miyasaka and Genkai-Kato, 2005）． ［加藤元海］

4.6 魚　　　類

4.6.1 標本の作成と分類

　10％中性ホルマリンや70％エタノール（アルコール）溶液に浸す液浸標本として保存する（岸本ほか，2006）．ホルマリンは揮発が少なく防腐力も高いが酸性に変化し標本を溶かしてしまうため長期の保存には適さない．そこで，まず10〜20％ホルマリン溶液で固定した後に水洗し，改めて70％エタノール溶液中で保存するとよい．ただし，体色は消失していくため，寸法がわかる写真，スケッチで記録しておく．標本を入れた瓶には，和名，学名，寸法，採集日時，採集場所，採集法，採集者を明記したラベルを貼る．標本はなるべく冷暗所に保存し，数年に1回はエタノールを交換する．

　分類は，森ほか（2000）など，まず一般の書店で入手できるカラー写真の図鑑で調べ，詳しく調べたい場合には，それら一般向けの図鑑の巻末に記載されている専門書を参考にする（たとえば，中坊編，2013）． ［野崎健太郎］

4.6.2 食性の調査

　食性は消化管（胃）内容物を調べることで推定できる．採集した個体は，現場で直ちに解剖し消化管を取り出し10〜20％ホルマリンで固定，あるいは個体を丸ごとホルマリン固定して実験室に持ち帰る．大型の個体の場合は，水を入れたピペットを口から消化管に静かに入れ，洗浄して吐き出させ，殺さずに試料を得ることもできる．注意したい点は，魚類は常に捕食活動をしているわけではないので，1日の中で何回か採集し，食性調査に適した時間を知ることが大切である． ［野崎健太郎］

4.6.3 代　謝　量

　代謝量にはいくつかの種類がある．生命活動の維持に必要な最小の代謝量は基礎代謝量と呼ばれる．しかし，姿勢維持のために鰭(ひれ)を動かすなど，測定中常にじっとさせておくということが困難であり，次の指標がよく用いられる．十分な酸素量がある環境下で安静な状態で測定される値を安静代謝量と呼ぶ．一方，魚が激しく遊泳運動を行っているときに測定される最大の値を活動代謝量と呼ぶ．また，両者の中間の活動量のときに測定される値は平常代謝量と呼ばれる（会田・金子，2013）．平常代謝量は流れに向かっての遊泳活動をさせない条件下で測定され，自発的な運動による活動量のみを含んでいる．このことから，自然条件下における平均的な代謝量であるとされている（Fry, 1971）．

　代謝量の測定において注意せねばならないのは，さまざまな環境条件や供試魚の特性，経験してきた環境の履歴によって大きく変化するということである．環境条件として，水温，pH，溶存酸素濃度，塩分濃度，そして個体の特性として性別，体サイズ，成長段階，絶食状態，活動度などが影響することが知られている（尾崎，1970；田村，2000）．また，代謝量は日周的にも季節的にも変動するため，測定する代謝量の種別や測定時間帯などは目的に応じて選定する必要がある．今回は体長5cm内外の供試魚について，1日の平常代謝量を半閉鎖式の呼吸室を用いて測定することを想定して解説する（Oikawa et al., 1991；Yamanaka et al., 2007；Yagi et al., 2010）．

器　具

　溶存酸素濃度計（2台：端子部分が細く，水温端子が一体となっているものが扱いやすい），端子ケース（1個：アクリル樹脂とゴム栓で自作するか，溶存酸素濃度計によってはオプションで用意されている場合もある），呼吸室（2個：アクリル樹脂製のものが多い：大きさについては後述），水槽，エアーポンプ，エアーストーン，水槽用ライト，24時間タイマー，水温調節器（水槽用ヒーター：低温での測定であれば水槽用クーラー），ゴム栓，ガラス管，送液ポンプ（2台，もしくは2本のチューブをセットできるもの1台），送液ポンプ用チューブ（数m），三方活栓（2個）を用いて半閉鎖式の呼吸量測定装置を組み立てて使用する（図4.11）

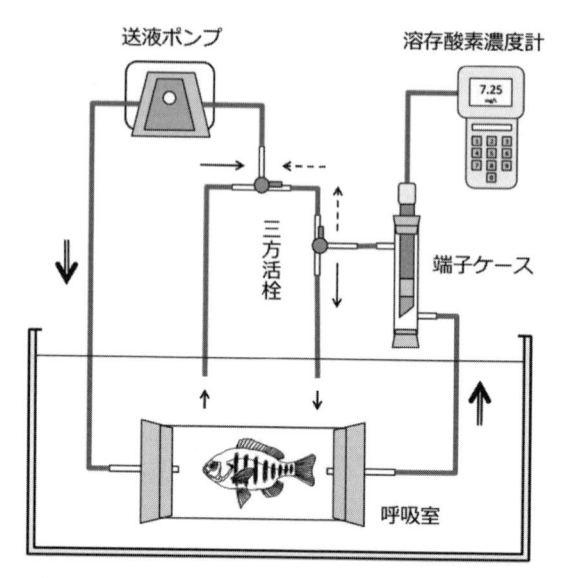

図 4.11 呼吸測定装置の概略図．二重線矢印が全体の水の循環方向を表す．馴致時と測定時の流路の変更は三方活栓で行い，実線矢印が馴致時の，点線矢印が測定時の流路をそれぞれ表す．図と同じ設定でブランクの呼吸室も用意する．水槽内の水温は水槽用ヒーターとクーラーで調節し，エアーストーンとエアーポンプで曝気を行う．照明は水槽用ライトと 24 時間タイマーでコントロールする．

測定前準備

1) 測定に先立って，実験条件（今回は水温 20°C で明期 12 時間，暗期 12 時間とする）に慣れさせるための馴致飼育を行う．実験水温が入手した供試魚の過去の飼育水温，もしくは採捕した生息場所の水温から隔たりがある場合，目的の水温に到達するまで 1°C/日以下程度のゆっくりとした速度で温度を変化させ，その後，十分な期間馴致を行う．理想的には予備的に代謝量を測定し，代謝量が一定の値をとって安定するのを確認したのちに実験するのがよい．この段階では適宜，給餌を行う．飼育水には脱塩素した水道水を用いる．

2) 供試魚に見合ったサイズの呼吸室を準備する．ここで重要なのは，測定時間内に溶存酸素濃度が十分低下する容積の呼吸室を選択することである．

3) 測定前には 24 時間の絶食期間を設ける．これは消化吸収に関わる活動の影響を除くためであるが，絶食期間の設定は供試魚のサイズや温度にあわせて

変更する必要がある（Yamanaka *et al.* 2007；Yagi *et al.* 2010）．
手 順
1）測定装置に脱塩素した水を溜め，水温と照明を実験条件（水温 20°C で明期 12 時間，暗期 12 時間とする）に合うよう調整する．
2）供試魚を呼吸室（溶存酸素濃度計端子ケースと，接続された送液ポンプ用チューブ分を含む水容量 v mL）に移し，数時間から一晩ほど実験環境に馴致する．この際，呼吸室内に空気が入らないように注意する．同時に，供試魚を入れない対照の呼吸室も設定する．この馴致の間は図 4.11 の三方活栓を操作することで，呼吸室内に水槽内の溶存酸素豊富な水が流入するようにする．流量を送液ポンプで調整し，供試魚が積極的に泳がねば定位できないような流速にならないように，かつ，呼吸室内の溶存酸素濃度が飽和濃度（20°C であれば 8.84 mg/L）から大きく低下することのないように調整する．同じ流量での通水を対照の呼吸室にも行う．供試魚に刺激を与えないために，測定装置と観測者との間にはブラインドを設置する．
3）馴致終了後，1 時間に 1 度ずつ三方活栓の操作によって測定時の流路に設定し，呼吸室（対照の呼吸室も）を密閉状態にして溶存酸素濃度を 20 分間測定する（この時間も供試魚サイズと温度に依存して調整する）．この間，溶存酸素濃度を毎分記録する．測定終了後，三方活栓を操作して馴致時の流路に戻し，呼吸室内の溶存酸素濃度を回復させる．これを 24 時間継続する．
4）次の手順で平常代謝量を計算する．

①供試魚（湿重 w g）を入れた呼吸室と対照の呼吸室それぞれでの 20 分間の溶存酸素濃度（mgO$_2$/L）を縦軸，経過時間（分）を横軸にとり，$y = -ax + b$ の直線式で回帰する．この時，供試魚を入れた呼吸室のデータで得られた傾きを a_1，対照のデータから得られた傾きを a_2 とする．ここで，a_2 は水中にいるバクテリアなどの酸素消費量と考えられるため，これを a_1 から差し引くことで供試魚の酸素消費に起因する傾き $a_1 - a_2$ を求める．

②多くの溶存酸素濃度計では表示単位が mgO$_2$/L となっていると思われるが，この場合，$a_1 - a_2$ は 1 分間あたりに供試魚が 1 L（すなわち 1000 mL）水中から 1 分間で吸収する酸素量と考えられる．よって，$a_1 - a_2$ を呼吸室内の水容量あたりに補正する．ただし，呼吸室内の水容量は供試魚自身の体積を差し

引いたものであることに注意する．簡単には，供試魚の比重を1と考えて $v-w$ としてよい．つまり，$(a_1-a_2)/1000 = a'/(v-w)$ を解くことで，実際に呼吸室中で供試魚が消費した酸素量 $a' \mathrm{mgO_2}$/分を求める．

③さらに，酸素消費量は単位体重あたり，1時間あたりで示される（$\mathrm{mgO_2}$/g/時）ことが多いため，60を乗じ，供試魚の湿重 w g で割って平常代謝量を得る．

④このように1時間ごと求めた平常代謝量を24回の測定結果について平均し，最終的な平常代謝量を算出する．同様の方法で5日間に渡ってキンギョの平常代謝量を測定した結果を図4.12に示す． [山中裕樹]

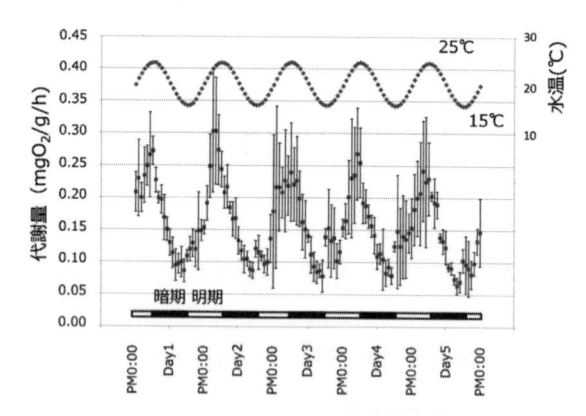

図4.12 キンギョの平常代謝量測定結果の例（Yamanaka *et al.*, 未発表）．この例では水温と明暗を日周変化させている．

4.7 爬虫両生類

4.7.1 年齢査定

個体群の年齢構成はその維持や繁殖環境の健全化を図る意味で重要である．両生類では，骨組織に残された成長痕を調べ，年齢を把握する方法がある（Smirina, 1994）．骨組織中に骨の成長が停止する時期に形成された成長停止線（LAG）を確認することが出来る．用いる部位は，両生類の場合指が一般的で，個体の損傷が低いため有効であると考えられる．カスミサンショウウオの指の

骨組織を使った齢査定方法を以下に記す．なお，まれに骨組織が再吸収される例があり，とくに無尾類では高い頻度で骨組織の再吸収が起こり，1年目のLAGが破損する例があるという（三澤，2005）．対象とする両生類の1年目のLAGが保存されているかどうか確認が重要である．

1) ホルマリン固定された組織を半日～1日かけて流水に浸し洗浄する．
2) 5%硝酸にて脱灰する．両生類の指の場合約30分脱灰する．
3) 硝酸を1～2時間流水にて洗浄する．
4) 凍結ミクロトームで20～30μの厚さに切る．
5) 切片組織を水を張ったシャーレに浮かべ伸展させる．
6) 切片組織をスライドグラスにのせ，ヘマトキシリンで30分ほど染色する．
7) スライドグラスごと水につけて余分な染色液を洗浄する（1時間ほど）．
8) 組織がひび割れない程度に乾燥させ，グリセリンで封入する．カバーガラスを被せ，マニュキュアなどで封印する．
9) 顕微鏡にて観察する．LAGが観察されれば成功である（図4.13）．

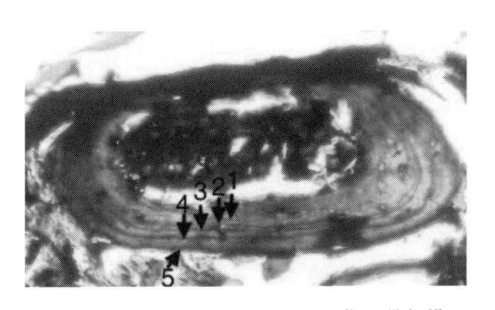

図 4.13　カスミサンショウウオの指の骨組織に見られる成長停止線（LAG）．

4.7.2　食　性

解剖を伴わない方法として，胃内洗浄法（Leclerc and Courtois, 1993）がある．この方法は，生体に麻酔をかけ，口腔より大量の水を流し込み，胃内容を洗浄する方法である．もう1つは，強制嘔吐法（平井，2005）がある．この方法は，麻酔をすることなく直接口腔からピンセットを突っ込み，胃を反転させ，胃内容物を取り出す方法である．非常に簡易的で，野外でも非常に有効である．

しかし，小型のサンショウウオ類ではこの方法がされた例は皆無である．野外で死亡してしまった個体を発見した場合は，直接解剖を試み胃の内容物を調べることも容易である．開発によって死亡した大量のカスミサンショウウオを用いて食性を調べた例もある（Ihara and Fujitani, 2005）．カメ類の場合は，糞による食性分析が有効で，ウミガメ類は糞による食性分析が多くなされている．しかし，日本産のヌマガメ類における糞による食性分析は非常に乏しい．

4.7.3 遺伝学的研究の事例紹介

染色体構造，アロザイム分析，DNAの塩基配列を用いて，系統，分類，進化を研究する分野である．近年では技術的な躍進をとげ，迅速により膨大な解析が可能になり，欠かせない分野の1つとなっている．

両生類では，ツチガエル染色体の形態が4つ存在し，性染色体が，オスがヘテロ・メスがホモの♀XX/♂XY型と，オスがホモ・メスがヘテロの♂ZZ/♀ZW型が存在する（Ogata et al., 2002）．愛知県に生息するカスミサンショウウオは，かつてトウキョウサンショウウオと分類されていたが，アロザイムを用いた系統解析によってカスミサンショウウオに帰属している（Matsui et al., 2001）．DNA塩基配列による研究は次世代シーケンサーによる網羅的なDNA塩基配列の解読が可能になり，より複雑な解析が可能になってきている．DNA解析ではミトコンドリアDNAを用いた研究が多く行われている．ミトコンドリアDNAはイントロンを含まず，核DNAより進化速度が5倍から10倍早く，近縁間による系統解析や同種内の変異を計るのに用いられる．日本に生息するニホンスッポンは一種類と考えられていたが，ミトコンドリア遺伝子による系統解析により，元来から生息していたハプロタイプから成るマーキースッポン（Pelodiscus maackii）に近縁な系統と，中国大陸産 P. sinensis の塩基配列とほぼ等しいか，もしくは完全に一致するハプロタイプが確認され，2種類のスッポンが存在することが明らかとなった（鈴木・疋田，2013：日本爬虫両棲類学会第51回大会）．両生類においても多くの系統解析が行われているが，移動能力の乏しいことに起因し，地方による種内分化と思われる事例もある．さらに，近年では開発などが原因で遺伝的多様性が失われていき，地方での近交劣化が懸念される．カスミサンショウウオにおいても，名古屋市を中心

とした個体群で，繁殖集団が都会化に伴い分化し，遺伝的多様性が低下し，個体群ごとに分化してきている事例がある（藤谷，2013）.　　　　　　[藤谷武史]

●コラム●　水を調べるだけで生き物がわかる！
── 環境中のDNAを利用した生物分布モニタリング法

　近年，とくに淡水域において，湖沼や河川で採取したわずかな水試料（数mLから数L）中に溶存するDNAの情報を読み解くことで，魚やカエル，サンショウウオの生息状況を簡便に把握する手法が確立されてきた．この手法は，環境DNA（英語表記ではenvironmental DNA，略してeDNA）技術と呼ばれており，野外に生息する動物のフンやはがれ落ちたウロコなどに由来して水中に遊離しているDNA断片（環境DNA）から，対象となる動物に特異的なDNA配列を分子生物学的手法で調べることにより，対象動物の生息の有無などを評価することができる（図1）．イタリアのFicetola et al. (2008) がウシガエルに用いたのが最初であり，その後，2011年ごろから研究発表が急速に増加している．

　初期の環境DNA研究は特定対象種の在不在を判定する手法が主流であったが，Minamoto et al. (2012) は，複数の魚種を同時に検出できる新たな手法の開発に成功し，実際の河川生物相調査に応用できることを示した．またTakahara et al. (2012) は，環境中のDNAの量と生物量には強い正の相関関係があることを実験的に実証し（図2），そこで得られたDNA量と生物量の関係式を用いて，自然環境中の魚（コイ）の生物量が推定可能であることも明らかにした．

　淡水域における生物多様性の減少は，深刻な地球環境問題の1つとされている．生物種の保全や管理をする上でもっとも基本的かつ重要な情報は，生物の生息分布や個体数，生物量である．つまり，水中の生物が「いつ」「どこに」「どれだけ」いるのかを迅速に把握する必要がある．これまでの目視や捕獲などの生物調査では，多大な労力や時間を要したのに対して，環境DNAを用いた手法では，水をすくってその中のDNAを調べるだけなので労力を大幅に削減できる可能性がある．さらに，本手法はDNA情報を用いて生物種の同定を行うことから，従来のような形態の相違などによる種同定の経験を必要とせず，将来的に広く汎用的に利用されることが期待できる．ただし，本手法を適用するためには対象種のDNA配列情報が必要である．したがって，環境DNAを用いた手法開発と並行して，対象となる種々の生物DNA情報のデータベース整備も進める必要がある．

　このような環境DNA技術は，採水による非侵襲的な手法なので，希少種のモ

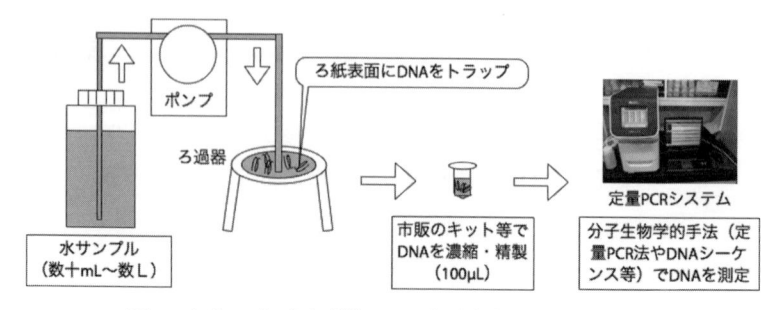

図1 水サンプルから環境 DNA を測定するまでの概略図.

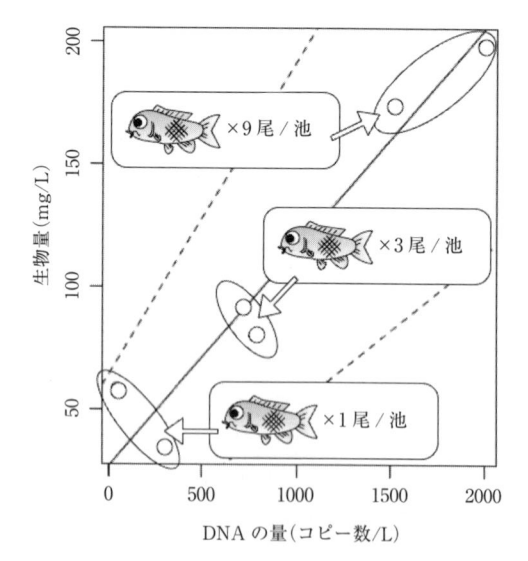

図2 野外人工池 2 個を用いたコイの生物量とコイから放出された水中の DNA 量の関係. 生物量と DNA 量には強い正の関係が認められた（決定係数 $R^2=0.93$, $y=0.089x+26.57$）. 実線は回帰直線を, 点線は 95％信頼限界を示す. Takahara et al. (2012) を一部改変.

ニタリングにとくに有用と考えられる. また, 侵入しているか否かをいち早く把握する必要がある外来種にも適用可能である. すでに国内では, ため池に生息するブルーギルの侵入状況を環境 DNA から評価することに成功している (Takahara et al. 2013). さらに海外においては, 無脊椎動物（水生昆虫や甲殻類など）や哺乳類（カワウソ類など）の DNA が検出可能であることも報告され

ているほか，次世代シーケンサーを用いて環境中に存在するさまざまな生物種のDNAを網羅的に調べる研究（メタバーコーディング）なども進められている．

　以上のような環境DNAに着目した手法は，現在では淡水域の調査のみならず，海洋でもその有用性の検証が始まっている．もちろん，採取したDNAがどこから流れてきたのか，いつ放出されたのかなど，今後考慮すべき点はあるが，潜在的には生物モニタリングを大幅に簡略化・汎用化できる可能性を秘めており，今後の更なる発展が期待される．　　　　　［高原輝彦・源　利文・土居秀幸］

5. データ資源の活用

5.1 地図の利用

　河川調査には地点の位置確認はもちろんのこと，周辺地域を理解することが重要なため，地図の利用は必要である．使用する地図は，市街地図や道路地図も利用することかできるが，標高や周辺土地利用の情報がある国土地理院の地形図を活用することも望まれる．さらに，地形図に描かれている等高線や地図記号など情報から，水系や流域界，河川縦断面のさまざまな要素も引き出すことができる．なお，国土地理院のウェブサイト「2万5千分1地形図，5万1地形図，20万分1地勢図図歴」では，縮尺に応じた販売単位や一面ごとの収録範囲を確認することができる．このうち，もっとも標準的な2万5千分の1地形図は，一般書店や地図センターの通信販売（http://net.jmc.or.jp/index.html）で一面あたり270円にて入手することができ，各地域における建物や土地利用の様子，地表面の起伏や高さなどのさまざまな情報を収録している．これらの情報を読み取ることによって，調査を行う場所についての地理的要素について理解することができる．

　地形図は地球を投影することによって，球体の地球表面の一部を平面上に縮尺して描き表されるものであるが，ユニバーサル横メルカトル図法（UTM図法）と呼ばれる投影法によって作成されたものである．そして，その基となる地球の大きさは各国異なっている場合があり，日本は2002年4月から世界標準である「世界測地系」が採用されている．しかし，それ以前に採用されていた「日本測地系」の基準で作成・発行されている地形図もあり，地形図の利用の際には注意が必要である．また，これら地形図に類似した小縮尺の地図に

20万分の1の地勢図がある．さらに，国土基本図・土地条件図・湖沼図・沿岸海域地形図・沿岸海域土地条件図・海図・地質図などの主題図なども作成されている．これらの主題図も活用すれば，より地域の陸水環境を理解する手立てとなろう．

［谷口智雅・田代　喬］

5.2　史資料の利用

　河川は身近に存在し，生活や文化，行政などさまざまな面で，私たちに関わり合っている．そして色々な立場の人々が河川について意見や想いを述べている．河川の水の恵みを受けている日本人にとって当然のことかもしれない．河川を対象として研究者や行政などが河川については学術的な高度な知識を身につけ，研究・施工する一面もあるが，このような人々も含め多くの人が身近にある河川について現在のある姿そのものや過去の情景を理解し，どのように変化してきたのかを知ることが非常に大切である．

　身近な河川環境を理解するためには，現在の環境だけでなく，過去の状況やその変遷・変化を知ることも大切である．現在のある河川の姿を理解するには，当然のことではあるが，どこに河川があるかを把握し，実際自分の目でみることである．一方，過去の河川の姿は実際に自分の目で確認することはできない．しかし，昔の河川や水路などの様子を理解するための方法は多くある．ここではその中から簡単な方法について説明する．

　まず，資料館や図書館で古い地図を見ること，あるいは現在の地図と比較することによって，「どこに河川・水路があったのか」，「現在もその河川があるのか」などを知ることができる．第二に，写真や郷土史などの資料によって，当時の風景や状況を理解する．とくに河川について書かれた記載はさまざまな形で残っている．また，文章として残っていない場合でも，その地域に詳しい方や昔からその地域に住んでいる人から，河川とどのように付き合い，感じていたかを直接聞く．人々にとって身近な河川はどのような存在であったかさまざまな形の文章として多く残っていることにも注目し，活用してほしい．

［谷口智雅］

●コラム● 文学作品から河川水質の変遷を解く

　環境問題に限らず，問題を解決する際に「歴史に学べ」といわれる．それでは，陸水という自然環境の歴史はどのように紐解けばよいのだろうか．陸水学は地理学（geography）を基盤の1つとして成り立つ研究分野である．その仲間である地質学（geology）は過去の環境，いわゆる古環境の復元を行うために，地層や化石の研究を行う．湖には，形成された当時からの堆積物が湖底に保存されており，この堆積物の性質から古環境を復元するという古陸水学研究も行われている．Tsugeki et al.（2010）は，琵琶湖の堆積物に残された動植物プランクトンの遺骸を調べることによって，近過去である100年間の変遷を明らかにし，気象と富栄養化との関係を考察している（槻木，2013の総説に詳しい）．過去100年間は，人間の生活が豊かになるとともに，人間社会が急激に成長し，自然への負荷が大きくなった時期にあたる．この環境の変遷を知るための科学的資料は過去に遡るほど少なく，堆積物を得ることができない河川では，その復元は非常に困難であり，研究手法も十分に提言されていなかった．

　歴史研究における過去を知るための一次資料として，古文書の解読と解析が不可欠である．この100年間で，商業出版が一般的になり多くの書籍が流通す

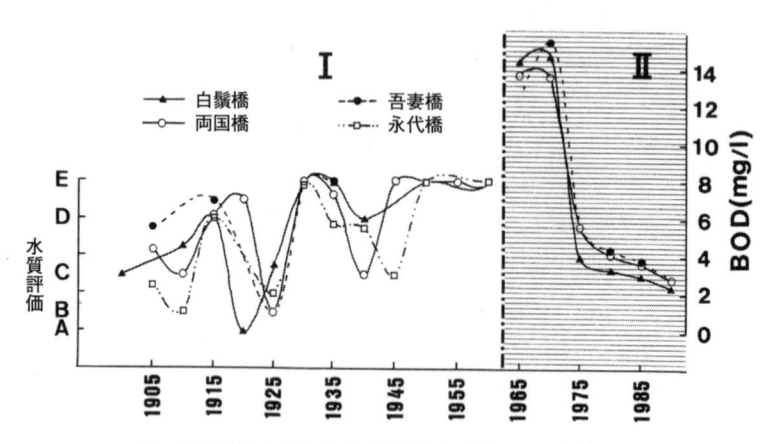

図　文学作品よされる20世紀前半の隅田川の水質変化
Ⅰ：文学作品中の文章による水質評価（1900～1960）
Ⅱ：BOD値による水質評価（1965年以降）
A～Eの水質評価は第1表の各水域の類型区分のBOD値を参照にしてプロットした．1965年以降の水質評価はBOD値の変化を示し，『東京都公共用水域及び地下水の水質測定結果』より作成．

るようになっており，歴史研究で古文書を読み解くのと同様に，河川の水質に関する著述があれば過去を紐解くことができるだろう．図は，57 著者 107 冊の文学作品から水と水辺に関する著述を抜粋し推定した 20 世紀前半の隅田川の水質の変遷である（谷口，1997）．

「文学作品中から昔の環境？」と少し不思議に思われるかもしれないが，芥川龍之介や永井荷風，田山花袋などの文豪たちに書かれた文学作品中に水辺について書かれた記載を見ることができる．たとえば，滝廉太郎作曲・武藤羽衣作詞で有名な「花」も明治時代の隅田川の様子を唄っており，舟が往来する様子や墨堤に桜や柳が植えられるなどその美しい風景を浮かび上がらせ，過去の河川環境も理解することができる．芥川龍之介の少年時代や隅田川の様子を綴った『大川の水』（1914 年発行）の中に，「自分が子供の時に比べれば，川の流れも変わり，蘆萩の茂った所々の砂洲も，あとかたもなく埋められてしまったが，(中略) 岸の柳の葉のように青い川の水を，いまも変わりなく日にいくたびか横切っているのである．」との記載がある．また，同じ作品の中で「銀灰色の靄と青い油のような川の水と…」「川と川とをつなぐ堀割の水のように暗くない．」と記している．前述の文章から，大正初期には作者の幼年時代である明治後半に比べ，岸辺の様子は変化したが，川の水自体はあまり変わっていないことが推定できる．しかし，川の色を表現した後ろの文章に注目すると記述から顕著な水質汚濁はないが，水質の悪化は進んでいると判断することもできる．また，田山花袋著の『東京近郊一日の行楽』（1921 年発行）には，「しじみは，昔は川で沢山とれたものだが，今では川のしじみは小さくなって，そして油臭い．」と隅田川の向島付近について書かれた文章がみられ，大正時代には隅田川がすでに汚染され，生物相が変化していることが理解できる．永井荷風の『日和下駄』（1915 年発行）の中には，「隅田川は云うに及ばず，神田のお茶の水，本所の竪川を始め市中の水流は，もはや現代の吾々には昔の人が船宿の桟橋から猪牙船に乗って山谷に通い柳島に遊び深川に戯れたような風流を許さず，また釣りや網の娯楽も与えなくなった．」と記されており，この頃には東京市内の河川での釣りは困難であり，川が汚れて，魚が棲めなくなっていたことがわかる．このように，普段何気なく読んでいる文学作品は，身近にある河川や湖沼の昔の情景を思い浮かばせるとともに，近過去の陸水環境を紐解くことができる貴重な資料である．

[谷口智雅・野崎健太郎]

5.3 データベースの利用

5.3.1 データベースを利用する

　日本の陸水学の歴史は，田中阿歌麿が山中湖で調査を行った1899年（明治32年）に始まったといえる（日本陸水学会，2011）．それから，100年以上もの時間の中で，数多くの研究者が湖沼や河川からさまざまなデータを取ってきた．こうして得られたデータは膨大な数であるが，最近までは紙媒体からでしか知ることができないものであった．しかし，インターネットの発展とともに，大量のデータを格納した「データベース」が整備され，今ではインターネットを使って，研究者だけでなく学生や市民も気軽にデータをみることができる．目の前の水環境に興味を持ったときに，新しく研究を始めようとするときに，自分が得たデータを日本国内や世界の環境と比較したいときに，動機はさまざまであろうが，データベースを利用することで，過去から現在に至るさまざまな情報を簡単に知ることができ，行ったこともみたこともないような水環境や生物についても知ることができる．そこで，本節では陸水学と関連の深い文献や地図，さらには自然環境や生物の分布などの情報を公開しているサイトやデータベースについて紹介する．

5.3.2 学術情報

　データそのものではなく，国内外で行われた学術情報について知りたいときには，専用の検索エンジン（GeNiiやGoogle Scholarなど）を用いる（表5.1）．キーワードを入力すれば，関連する論文や報告書が表示される．大学の図書館などでは，Web of Science（トムソン・ロイター）をはじめとする有料の検索エンジンを利用することもでき，海外の論文を探すには非常に便利である．論文や報告書に示されているデータは，平均値など集約された形が多く，測定値そのものが示されていない場合も多い．しかし，概要や傾向を知る上では有用である．

表 5.1 無料で公開されているさまざまなデータベース

サイト名（運営元）	アドレス（2013年10月28日現在）
学術論文など	
GeNii；NII 学術コンテンツ・ポータル（国立情報学研究所）	http://ge.nii.ac.jp/genii/jsp/index.jsp
Google Scholar（Google）	http://scholar.google.co.jp/
地図情報など	
国土地理院による地図・空中写真・地理調査（国土交通省）	http://www.gsi.go.jp/tizu-kutyu.html
ウォッちず	http://watchizu.gsi.go.jp/
国土政策局による GIS ホームページ	http://nlftp.mlit.go.jp/
国土調査	http://nrb-www.mlit.go.jp/kokjo/inspect/inspect.html
国土情報 Web マッピングシステム	http://w3land.mlit.go.jp/WebGIS/
Google Earth	https://maps.google.co.jp/
水質や流量などの環境要因に関する情報	
水情報国土データ管理センター（国土交通省）	http://www5.river.go.jp/
川の防災情報	http://www.river.go.jp/
水文水質データベース	http://www1.river.go.jp/
水環境総合情報サイト（環境省）	http://www2.env.go.jp/water-pub/mizu-site/
名水百選	http://www2.env.go.jp/water-pub/mizu-site/meisui/
快水浴場百選	http://www2.env.go.jp/water-pub/mizu-site/suiyoku2006/
水道水質データベース（日本水道協会）	http://www.jwwa.or.jp/mizu/
衛星湖沼水温データベース日本編（茨城大学・外岡研究室）	http://tonolab.cis.ibaraki.ac.jp/SatLARTD/index-j.html
放射性物質の分布状況等データベース（原子力規制庁）	http://radb.jaea.go.jp/mapdb/
国立環境研究所データベース等（国立環境研究所）	http://www.nies.go.jp/db/
GEMS/Water ナショナルセンター（GEMS/Water, 国立環境研究所）	http://db.cger.nies.go.jp/gem/inter/GEMS/gems_jnet/index_j.html
生物の分布などに関する情報	
水情報国土データ管理センター（国土交通省）	http://www5.river.go.jp/
河川環境データベース	http://mizukoku.nilim.go.jp/ksnkankyo/
水環境総合情報サイト（環境省）	https://www2.env.go.jp/water-pub/mizu-site/
全国水生生物調査のページ	https://www2.env.go.jp/water-pub/mizu-site/mizu/suisei/
生物多様性評価の地図化（環境省）	http://www.biodic.go.jp/biodiversity/activity/policy/map/
生物多様性情報システム（環境省）	http://www.biodic.go.jp/J-IBIS.html
日本のレッドデータ検索システム（野生生物調査協会・Envision 環境保全事務所）	http://www.jpnrdb.com/
国立環境研究所データベース等（国立環境研究所）	http://www.nies.go.jp/db/
侵入生物データベース	http://www.nies.go.jp/biodiversity/invasive/
GEDIMAP（GEDIMAP プロジェクトグループ）	http://gedimap.zool.kyoto-u.ac.jp/index.php?ca=1&sca=1
川の環境情報サイト（国土交通省）	http://riverenvinfo.nilim.go.jp/riverenvinfo/
海外の情報を掲載しているデータベース	
USGS（USGS）	http://www.usgs.gov/
FishBase（FishBase consortium）	http://www.fishbase.org/search.php
GEMStat（UNEP GEMS/Water Programme）	http://www.gemstat.org/default.aspx

5.3.3 地図・空中写真

詳細な調査場所を簡単に知る方法として，インターネット上の地図サービスは非常に便利である．国土地理院や国土政策局のホームページには2万5千分の1の地形図を閲覧できる"ウォッちず"をはじめ，地形や表層，土壌に関する土地分類を閲覧できる国土調査など色々な地図が提供されており，目的とする場所のイメージがしやすい（表 5.1）．航空機からの空中写真や衛星写真についても，国土情報 Web マッピングシステムや Google Earth から閲覧できる地域があり，周辺環境の概要をつかむには十分な解像度で提供されている（表5.1）．

5.3.4 流量や水質などの環境

河川や湖沼に関する情報は，国土交通省や環境省が運営するサイトに，さまざまな形で提供されている（表 5.1）．水情報国土データ管理センターのサイトからは，川の防災情報や水文水質データベースなどのサイトにアクセスすることができ，水位や流量，雨量などの他に数は少ないものの水質に関しても公開されている．欠損値が含まれることもあるが，数年間にわたる流量変動を手軽に知ることができる（図 5.1）．

一方，水環境総合情報サイトには公共用水域水質データや広域総合水質測定データ，水浴場水質測定データなど，水質に関連した情報が公開されている（表

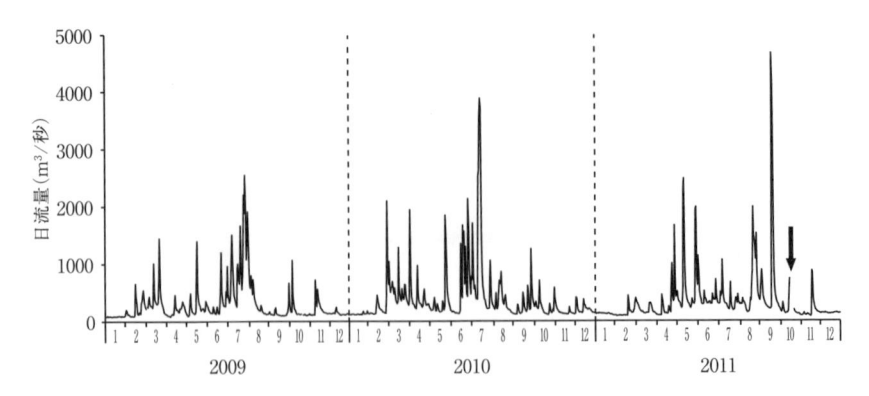

図 5.1 木曽川の犬山観測所における流量変動（2009〜2011年）．矢印は欠損値がある場所を示す．

5.1)．測定データではないが，名水百選や快水浴場百選なども示されている．その他にも，水道水質データベースや衛星湖沼水温データベースといったものもある．放射性物質の分布状況などのデータベースも公開されており，陸水における放射能濃度の状況を知ることができる（表 5.1）．国立環境研究所のホームページに掲載されているデータベースには，酸性雨や BOD に関する情報の他に，摩周湖や霞ケ浦で行われているモニタリング結果が公開されている（表 5.1）．

5.3.5 生物の分布

生物の分布に関する情報は，水温のように自動観測が困難なため，集めにくい情報である．しかし，近年になりデータベースの整備が進み，色々な生物の分布や，目的とする湖沼もしくは河川の生物相がさまざまなサイトで公開されている（表 5.1）．

すでに紹介した水情報国土データ管理センターからもリンクされているが，河川環境データベースには，魚類，底生動物，植物，鳥類，両生類・爬虫類，陸上昆虫，プランクトンなどに関する情報が公開されている．調査場所は，一級河川の下流域や国管轄のダムに限られるが，古いもので 1990 年からのデータが公開されている（調査は 5 年に 1 度）．小林ほか（2013）は，河川環境データベースに公開されているデータを用い，国内でみられる底生動物の現存量は，海外よりも多い傾向にあることや，全国スケールでみたときに，現存量や属数は河床勾配や底質環境（粒径）の影響を強く受けていることを示している．

陸水の生物に限らず，国内に生息するさまざまな生物の分布が，生物多様性評価の地図化と題して公開されており，現状を評価することが可能となっている（表 5.1）．また，市町村ごとの生物多様性を整理した情報が，生物多様性カルテとして公開されている．その他に，全国水生生物調査のページでは，水質階級を評価するために行った水生生物の調査結果が公開されており，画面上で分布を確認することができる．

生物多様性情報システムの自然環境保全基礎調査では，生物を含むさまざまな自然環境に関する報告書が掲載されている（表 5.1）．他にも，レッドリストに掲載されている希少種に関して，網羅的な情報が公開されている．素早くレッ

ドデータを検索したい場合には，日本のレッドデータ検索システムといった便利なサイトも整備されている（表5.1）．また，国立環境研究所のデータベースには，在来生物や現存する生態系への影響が懸念される侵入生物について，体系的に情報が整理されている．分布に関する情報がメインではないが，日本産淡水魚類の遺伝的多様性に関する情報（塩基配列データ）がGEDIMAPには公開されている（表5.1）．

5.3.6 海外の事例

ここまで国内の水環境に関連するデータベースを紹介してきたが，海外にも誰でも利用できるデータベースは多数存在する．"database"と，"water temperature"や"water quality"，"fish distribution"などを入力して検索してみるとさまざまなサイトが表示されるだろう．実際にデータを公開しているサイトを探すには，内容をある程度理解する必要があるが，USGSにはアメリカの水環境に関する多くの情報が公開されているし，魚に関する情報を知りたければFishBaseというサイトもある（表5.1）．淡水水質の監視プロジェクトとしては，GEMS/Waterというものがあり，海外（GEMStat）と日本（GEMS/Waterナショナルセンター）の水質状況をみることができる（表5.1）．

実際に，データベースを用いた研究も多数あり，たとえば，世界中の72河川を対象に，USGSで公開されている河川流量と，FishBaseなどをもとに算出した魚種数との関係性を解析したものがある（Iwasaki *et al.* 2012）．Iwasaki *et al.*（2012）の研究によると，流量が多いほど魚種は多くなるが，洪水や渇水の状況も魚種数を決める重要な要因であることが示されている．このように，地球レベルでの情報を気軽にみることができることこそ，インターネット上のデータベースの強みであろう．

5.3.7 データベースを利用する際の注意点

ここまでみてきたように，データベースはさまざまな情報を含み，使い方によっては研究者に限らず学生や市民にとっても有用であろう．ただし，データベースで公開されている情報を利用しようとする際に，注意すべき点もある．インターネット上に公開されている情報は，不正確なものを含む場合もある．

つまり，すべてのデータベースで，データの質が保証されているわけではない．大半のデータベースは，各分野の研究者や専門家委員会によってチェックされていることが多い．しかし，それでもデータが膨大であることにも起因して，エラーが散見されるのも事実である．通常よりも，一桁多い値が掲載されていた場合，真値なのかエラーなのか，判断が難しい場合もある．このような時には，データの提供元に問い合わせるか，エラー値の影響をあまり受けない解析をするなど，工夫が必要になる．公開データであるからこそ，使用する側も責任をもって，確認作業を行い，自分の情報として生かしていくべきであろう．

　公開されているデータは自由に閲覧することができるため，自分の研究や測定値を俯瞰するための参考情報として，個人的に利用することは問題ない．しかし，データを利用し，何らかの方法で発表するには，許可を取る必要や正確な引用が必要となる．最低限として，出典を明記することが求められるだろうが，そのサイトの運営方針やデータの使用方法に応じて，データ利用に関する規定はさまざまである．多くのデータベースでは利用する際の注意点が記載されているため，規定を一度確認し，必要であれば問い合わせてみるのがよいであろう．

〔森　照貴〕

参 考 文 献

愛知県（2010）愛知県史，別編，自然．
会田勝美・金子豊二編（2013）増補改訂版　魚類生理学の基礎，恒星社厚生閣．
安芸皎一（1951）河相論．岩波書店．
新井　正（1994）水環境調査の基礎．古今書院．
B・バーグ，C・マクラルティー（2004）：森林生態系の落葉分解と腐植形成．シュプリンガーフェアラーク東京．
Bendschneider, K. and R. T. Robinson (1952) A new spectrophotometric method for determination of nitrite in sea water. *Journal of Marine Research*, **11**：87-96.
Biggs, B. J. F. (2000) Eutrophication of streams and rivers: dissolved nutrient-chlorophyll relationships for benthic algae. *Journal of North American Benthological Society*, **19**：17-31.
千原光雄編（1999）藻類の多様性と系統．裳華房．
Cronk, J. K. M. and Fennessy, S. (2001) *Wetland Plants：Biology and Ecology*. Lewis Publishers.
Cummins, K.W. (1962) An evaluation of some techniques for the collection and analysis of benthic samples with special emphasis on lotic water. *American Midland Naturalist*, **67**：477-504.
土木学会水理委員会移動床流れの抵抗と河床形状研究小委員会（1973）移動床流れにおける河床形態と粗度．土木学会論文報告集，**210**：65-91.
土木学会（1997）測量実習指導書第3版．土木学会，p.124.
江口葉月ほか（2014）四万十川上流域における河川環境と底生生物．黒潮圏科学，**7**：123-131.
Ficetola, G. F. *et al.* (2008) Species detection using environmental DNA from water samples. *Biology Letters*, **4**：423-425.
Fry, F. E. J. (1971) The effect of environmental factors on the physiology of fish. In: Hoar, W. S., Randall, D. J. (eds) *Fish physiology*, vol 6. Academic Press, pp 1-98.
Fujita, I. *et al.* (2007) Development of a non-intrusive and efficient flow monitoring technique: The space-time image velocimetry (STIV). *International Journal of River Basin Management*, **5**(2)：105-114.
藤谷武史（2013）尾張地区におけるカスミサンショウウオの多様性―mtDNA 塩基配列の解析．名古屋市立大学システム自然科学研究科，修士学位論文．
Goto, N. *et al.* (2008) Relationships between electron transport rates determined by pulse amplitude modulated (PAM) chlorophyll fluorescence and photosynthetic rates by traditional and common methods in natural freshwater phytoplankton. *Fundamental and Applied Limnology*, **172**：121-134.
Graca, M. A. S. *et al.* (2007) *Methods to Study Litter Decomposition：A Practical Guide*.

Springer.

Hama, T. et al. (1983) Measurement of photosynthetic production of a marine phytoplankton population using a stable ^{13}C isotope. *Marine Biology*, 73：31-36.

浜島繁隆・須賀瑛文（2005）ため池と水田の生き物図鑑．トンボ出版．

Hart, D. and Clark, A. (1997) *Principles of Population Genetics*, 3rd edition. Sinauer Associates.

長谷川雅美（1998）水田耕作に依存するカエル類群集．水辺環境の保全（江崎保男・田中哲夫編），朝倉書店，pp.53-66．

Hauer, R. and Lamberti, G. A. (2007) *Methods in Stream Ecology*. Academic Press.

Hieber, M. and Gessner, M. O. (2002) Contribution of stream detrivores, fungi, and bacteria to leaf breakdown based on biomadd estimates. *Ecology*, 83：1026-1038.

平井利明（2005）カエルの食性．これからの両棲類学（松井正文編），裳華房，pp. 81-90．

廣瀬弘幸・山岸高旺編（1977）日本淡水藻図鑑．内田老鶴圃．

Ihara, S. and Fujitani, T. (2005) Prey Items of the Salamander *Hynobius nebulosus* in Nagoya and its Inferred Position in the Soil Food Web. *Edaphologia*, 76：7-10.

生嶋　功（1972）水界植物群落の物質生産Ⅰ—水生植物．共立出版．

井上隆信（2003）非特定汚染源の原単位の現状と課題．水環境学会誌，26：131-134．

井上　勲（2006）藻類30億年の自然史．東海大学出版会．

Ishida, N. et al. (2006) Seasonal variation in biomass and photosynthetic activity of epilithic algae on a rock at the upper littoral area in the north basin of Lake Biwa, Japan. *Limnology*, 7：175-183.

岩崎誠二ほか（2000）三重県環境科学センター研究報告，第20号．

Iwasaki, Y. et al. (2012) Evaluating the relationship between basin-scale fish species richness and ecologically relevant flow characteristics in rivers worldwide. *Freshwater Biology*, 57(10)：2173-2180

岩田智也（2012）河川の炭素循環．淡水生態学のフロンティア（吉田丈人・鏡味麻衣子・加藤元海編著），共立出版，pp.108-121．

地盤工学会（2001）土の粒度試験．土質試験—基本と手引き（地盤工学会土の試験実習書編集委員会編），丸善，pp.27-38．

角野康郎（1994）日本水草図鑑．文一総合出版．

可児藤吉(1944)渓流棲昆虫の生態—カゲロウ・トビケラ・カワゲラその他の幼虫について．昆虫　上巻（古川晴男編），日本生物誌第4巻，研究社．

Kalff, J. and Bentzen, E. (1984) A method for the analysis of total nitrogen in natural waters. *Canadian Journal of Fisheries and Aquatic Sciences*, 41：815-819.

Kantoush, S.A. and Schleiss, A.J. (2009) Large-Scale PIV surface flow measurements in shallow basins with different geometries. *Journal of Visualization*, 12(4)：361-373.

粕谷英一（2001）野外調査における事故防止のために．日本生態学会誌，51：41-43．

川合禎次・谷田一三（2005）日本産水生昆虫—科・属・種への検索．東海大学出版会．

萱場祐一（2003）河道内微地形とハビタットの分布と構造—把握方法を中心として．環境保全学の理論と実践Ⅲ（森誠一監修・編集），信山社サイテック，pp.3-29．

萱場祐一（2005）溶存酸素濃度の連続観測を用いた実験河川における再曝気係数，一次生産速度及び呼吸速度の推定．陸水学雑誌，66：93-105．

萱場祐一（2013）河川地形の特徴とその分類．河川生態学（川那部浩哉・水野信彦監修，中

村太士編集），講談社，pp.13-33.
建設省河川局監修・社団法人日本河川協会編集(1997)改訂新版建設省河川砂防技術基準(案)同解説・調査編，技報堂出版．
岸本浩和ほか編著（2006）魚類実験テキスト，p.74，東海大学出版会．
北村忠紀ほか（2001）生息場評価指標としての河床攪乱頻度について．河川技術論文集，**7**：297-302.
鬼頭　保・研谷　厚（2013）カメの効果的調査・捕獲を目指して―浮島型カメ捕獲装置の作成．生き物シンフォニー，なごや生物多様性センター．
小林　弘ほか（2006）珪藻図鑑．内田老鶴圃．
小林草平ほか（2013）河川水辺の国勢調査から見た日本の河川底生動物群集：全現存量と主要分類群の空間分布．陸水学会誌，**74**(3)：129-152.
小林敏雄監修（2000）PIV の基礎と応用．丸善．
国土交通省国土地理院：2万5千分1地形図，5万1地形図，20万分1地勢図図歴．http://www.gsi.go.jp/MAP/HISTORY/5-25-index5-25.html
国土交通省国土地理院（2010）2万5千分の1地形図「豊田南部」．地形図コード：NI-53-2-14-2（豊橋14号-2）．
国土交通省中部地方整備局（2009）矢作川水系河川整備計画．http://www.cbr.mlit.go.jp/toyohashi/jigyou/yahagigawa/seibi-keikaku/
国土交通省水管理・国土保全局（2012）河川砂防技術基準　調査編．http://www.mlit.go.jp/river/shishin_guideline/gijutsu/gijutsukijunn/chousa/pdf/honbun_shiryou.pdf
近藤高貴（2008）日本産イシガイ目貝類図譜．日本貝類学会特別出版物第3号．日本貝類学会．
近藤高貴ほか（2011）ヌマガイとタガイの殻形態による判別．ちりぼたん，**41**(2)：84-88.
熊野　茂（2000）世界の淡水産紅藻．内田老鶴圃．
草野　保・川上洋一（1999）トウキョウサンショウウオは生き残れるか？―東京都多摩地区における生息状況調査報告書．トウキョウサンショウウオ研究会．
Leclerc, J. and Courtois, D. (1993) A simple stomach flushing method for rained frog. *Herpetological Review*, **24**(4)：142-143.
Lorenzen, C. J. (1967) Determination of chlorophyll and pheopigments spectrophotometric equation. *Limnology and Oceanography*, **12**：343-346.
丸山博紀・高井幹夫（2000）原色川虫図鑑．全国農村教育協会．
増田　修・内山りゅう（2004）日本産淡水貝類図鑑②汽水域を含む全国の淡水貝類．ピーシーズ．
Matsui, M. *et al.* (2001) Systematic study of Hynobius tokyoensis from Aichi Prefecture, Japan：A biochemical survey (Amphibia：Urodela). *Comparative Biochemistry and Physiology*, **B130**：181-189.
松井正文（2003）両生類の行動圏．野生生物保全技術（佐藤正孝・新里達也編），海遊社，pp.157-170.
松井正文（2005）両生類学の将来に向けて．これからの両棲類学（松井正文編），裳華房，pp.250-264.
松本嘉孝・髙木　翼・江端一徳（2012）豊田市内における都市河川の降雨時リン流出特性の把握．矢作川研究，**16**：5-10.
Minamoto T. *et al.* (2012) Surveillance of fish species composition using environmental

DNA. *Limnology*, **13**：193-197.
三澤康充（2005）小型サンショウウオ類の年齢．これからの両棲類学（松井正文編），裳華房，pp.52-59.
Miyaoka K. (2007) Seasonal changes in groundwater-seawater interaction and its relation to submarine groundwater discharge, Ise Bay, Japan. *A New Focus on Groundwater-Seawater Interactions*. IAHS Publ.312. pp. 68-74.
Miyasaka H. and Genkai-Kato M. (2005) Shift between carnivory and omnivory in stream stonefly predators. *Ecological Research*, **24**：11-19.
水野信彦・御勢久右衛門（1992）河川環境とその調査法．河川の生態学補訂版（沼田眞監修），築地書館，pp.4-22.
森　文俊ほか（2000）淡水魚　ヤマケイポケットガイド17．山と渓谷社．
本村輝正・宮内信文（1999）水生雑草ホテイアオイ自生群落地の水域環境．水環境学会誌，**22**：294-300.
村上哲生（1996）海洋と生物，**18**：371-374.
村上哲生ほか（2000）河口堰．講談社．
村上哲生（2010）コラム　透視度計をつくろう．身近な水の環境科学（日本陸水学会東海支部会編），朝倉書店，pp.158-159.
村上哲生（2013）論文を書くことと学問の世界の不公正の是正．陸の水，**60**：51-54.
Murphy, J. and Riley, J. P. (1962) A modified single solution method for the determination of phosphate in natural waters. *Analytica Chimica Acta*, **27**：31-36.
武藤裕則（2004）ADCPによる河川流観測，京都大学防災研究所年報，**47**B：571-580.
名古屋市（2004）レッドデータブックなごや2004，動物編．
南雲　保（1995）簡単で安全な珪藻被殻の洗浄法．Diatom, **10**：88.
中坊徹次編（2013）日本産魚類検索――全種の同定　第三版，東海大学出版会．
中川博次・辻本哲郎（1986）移動床流れの水理，技報堂出版．
中本信忠・酒井　正（1981）MBOD法による河川，湖沼の水質評価．用水と廃水，**23**(11)：68-78.
中本信忠（1983）水中の生物利用可能栄養物質量の新しい水質評価法．水道協会雑誌，**591**：14-28.
中本信忠（1999）こんな事が2度とあってはならない――胴長靴の危険性．月刊「水」，**41**(5)：34-40.
中村俊六・小出水規行（1999）魚類生息場適性基準（HSC）用データ採取のための現地調査例，IFIM入門（アメリカ合衆国内務省国立生物研究所原著作・発行，中村俊六・テリーワドゥル訳），財団法人リバーフロント整備センター，pp.151-159.
Nakano, S. *et al*. (1999) Terrestrial-aquatic linkages：riparian arthropod inputs alter trophic cascades in a stream food web. *Ecology*, **80**：2435-2441.
日本分析化学会北海道支部編（1994）水の分析　第4版．化学同人．
日本水道協会（2011）上水試験方法．日本水道協会．
日本陸水学会（2011）川と湖を見る・知る・探る――陸水学入門．地人書館，pp.13-19.
野田　響・村岡裕由（2009）同化箱法による器官や個体レベルのガス交換．光合成研究法（北海道大学低温科学研究所・日本光合成研究会共編），北海道大学低温科学研究所発行，pp.95-101.
Nozaki, K. (1999) Algal community structure in a littoral zone in the north basin of Lake

Biwa. *Japanese Journal of Limnology*, **60**:139-157.
Nozaki, K. (2001) Abrupt change in primary productivity in a littoral zone of Lake Biwa with the development of a filamentous green-algal community. *Freshwater Biology*, **46**:587-602.
野崎健太郎ほか（2003）矢作川中流域における糸状緑藻 *Cladophora glomerata* の光合成．矢作川研究，**7**:169-176.
野崎健太郎（2004）矢作川中流における大型糸状緑藻群落の発達．河川技術論文集，**10**:49-52.
Nozaki, K. *et al.* (2009) Phytoplankton productivity in a pond of brownish-colored water in a Japanese lowland marsh, Naka-ikemi. *Limnology*, **10**:177-184.
野崎健太郎（2011）河川に繁茂した糸状緑藻シオグサ（*Cladophora crispata* KÜTZING）群落内の溶存酸素濃度の日変化―犬上川河口域（滋賀県彦根市）の事例．陸の水，**48**:1-8.
野崎健太郎（2013）3.1節 付着藻類．河川生態学（中村太士編著），講談社，pp.72-88.
野崎健太郎・志村知世乃（2013）矢作川と土岐川の中流域における付着藻現存量と栄養塩濃度の季節変化．矢作川研究，**17**:101-105.
野崎健太郎・各務佳菜（2014）尾張丘陵南端部の崖線に見られる湧水の湧出量，水温および水質の季節変化―愛知県日進市岩崎町竹の山地区における事例研究―．陸の水，**64**:31-37.
Odum, H. T. (1956) Primary production in flowing waters. *Limnology and Oceanography*, **1**:102-117.
Ogata, M. *et al.* (2002) The prototype of sex chromosomes found in Korean populations of *Rana rugosa*. *Cytogenetic Genome Research*, **99**(1-4):185-93.
小川弘子ほか（2003）東海豪雨後の矢作川の瀬における底生動物の現存量．矢作川研究，**7**:25-31.
Oikawa, S. *et al.* (1991) Ontogenetic change in the relationship between metabolic rate and body mass in a sea bream Pagrus major (Temminck & Schlegel). *Journal of Fish Biology*, **38**:483-496.
沖野外輝夫・花里孝幸（1997）諏訪湖定期調査：20年間の結果．信州大学諏訪臨湖実験所報告，**10**:7-249
大滝末男・石戸 忠（1980）日本水生植物図鑑．北隆館．
大塚泰介（1998）何殻を数えるべきか？ II. 多様性指数を算出する場合．Diatom（日本珪藻学会），**14**:41-49.
尾崎久雄（1970）III呼吸の生理．魚類生理学講座 第2巻，緑書房．
T・R・パーソンズほか（高橋正征ほか監訳）（2006）粒状物質の一次生成．生物海洋学2，東海大学出版会．
M・ラッフェルほか（小林敏雄監修）（1998）PIVの基礎と応用．シュプリンガーフェアラーク東京．
Sakamoto, M. (1966) Primary production by phytoplankton community in some Japanese lakes and its dependence on lake depth. *Archiv fur Hydrobiologie*, **62**:1-28.
SCOR/UNESCO (1966) Working Group 17：Determination of photosynthetic pigments in sea water. UNESCO.
関根正人（2005）移動床流れの水理学．共立出版．
滋賀の理科教材編集委員会（1989）滋賀の水草 図解ハンドブック．新学社．

参 考 文 献

滋賀県小中学校教育研究会理科部会（1991）滋賀の水生昆虫　図解ハンドブック．新学社．
清水建美（2003）日本の帰化植物．平凡社．
森林立地調査法編集委員会（1999）森林立地調査法―森の環境を測る．博友社．
Smirina, E. M.（1994）Age determination and longevity in amphibians. *Gerontology*, **40**：133-146.
Solorzano, L.（1969）Determination ammonia in natural waters by the phenolhypochlorite method. *Limnology and Oceanography*, **14**：799-801.
Takahara T. *et al.*（2012）Estimation of fish biomass using environmental DNA. *PLoS ONE*, **7**：e35868.
Takahara T. *et al.*（2013）Using environmental DNA to estimate the distribution of an invasive fish species in ponds, *PLoS ONE* **8**：e56584.
高橋　裕ほか編（2008）川の百科事典．丸善．
高村典子編（2001）十和田湖の生態系管理にむけてⅡ．国立環境研究所報告，**167**（R-167-2001）：141-146, 150-152.
武田育郎（2010）面源汚濁の実態とその対策．よくわかる水環境と水質，オーム社，pp.146-183.
Tamiya, H.（1951）Some theoretical notes on the kinetics of algal growth. *Botanical Magazine, Tokyo*, **64**：167-173.
田村　保編（2000）魚類生理学概論．恒星社厚生閣．
谷口智雅（1995）東京における文学作品中の生物的・視覚的水環境表現からみた水質評価．陸水学雑誌，**56**(1)：19-25.
谷口智雅（1997）文学作品から見た20世紀前半の隅田川の水質の変遷．地理学評論，**70**(10)：642-660.
谷口真人（2005）海洋境界を通しての物質のフラックス．地球化学講座第6巻　大気・水圏の地球化学（河村公隆・野崎義行編），培風館，pp.249-252.
田代　喬ほか（2002）2000年9月出水が矢作川古鼡地区周辺河道に与えたインパクト―洪水時の地形変化ならびに洪水後の濁水，矢作川研究，**6**：151-158.
田代　喬（2004）ダム下流河道における河床の低攪乱化に着目した水域生態系評価に関する研究．名古屋大学博士論文．
田代　喬ほか（2007）流域の地質構造・地形特性に着目した河川景観の階層性の分析．河川技術論文集，**13**：279-284.
田代　喬ほか（2010）木曽川の感潮ワンドにおける底生動物群集．陸の水，**43**：61-69.
田代　喬（2013）生物からみた水文学と水理学，河川生態学（川那部浩哉・水野信彦監修，中村太士編集），講談社，pp.1-12.
田代　喬ほか（2014）底生魚の生息場所からみたダム下流の河床のアーマー化と土砂還元による機能の回復．土木学会論文集B1（水工学），**70**(4)，印刷中．
Tsuchiya T. *et al.*（1987）Annual and Seasonal Variations in Biomass of a Floating-leaved Plant, *Trapa natans* L., in Takahamairi Bay of Lake Kasumigaura, Japan. *Japanese Journal of Limnology*, **48**（Special Issue）：39-44.
椿　啓介編著（1998）不完全菌類図説―その採集から同定まで．アイピーシー．
椿　涼太（2013）中小河川の流れの可視化計測，ながれ，**32**：371-376.
辻本哲郎（1998）河相と移動床水理学．河川水理学基礎講座講義集，応用生態工学研究会，pp.93-100.

参 考 文 献

辻本哲郎（1999）ダムが河川の物理環境に与える影響—河川工学及び水理学的視点から．応用生態工学，2(2)：103-112．

内田朝子（1997）：矢作川における付着藻類と底生動物の基礎．矢作川研究 1：59-80．

内田朝子ほか（2002）矢作川における大型糸状緑藻の時空間変動．矢作川研究，6：113-124．

内田臣一ほか（2007）矢作川におけるカワヒバリガイの大量発生後の大量死．矢作川研究，11：35-46．

植田邦彦（1989）東海丘陵要素の植物地理 Ⅰ定義．植物分類・地理，40：190-202．

Vannote, R. L. *et al.* (1980) The river continue concept. *Canadian Journal of Fisheries and Aquatic Sciences*, **37**：130-137.

Vollenweider, R. A. (1976) Advances in defining critical loading levels for phosphorus in lake eutrophication. *Memorie dell' Istituto Italiano di Idrobiologia*, **33**：53-83.

渡辺仁治（2005）淡水珪藻生態図鑑．内田老鶴圃．

Wetzel, R. G. and Likens, G. E. (1991) *Limnological Analyses*, 2nd ed. Springer.

Yabe, T. (1989) Population structure and growth of the Japanaese pond turtle. *Mauremys japonica*. *Japannese Journal of Herpetology*, **13**(1)：7-9.

Yagi, M. *et al.* (2010) Ontogenetic phase shifts in metabolism：links to development and anti-predator adaptation. *Proceedings of the Royal Society B：Biological Sciences*, **277** (1695)：2793-2801.

山本晃一（1994）沖積河川学—堆積環境の視点から．山海堂．

山本敏哉（2000）：アユ釣りの記録からたどった釣果の変遷．矢作川研究 4：169-176．

Yamanaka, H. *et al.* (2007) Difference in the hypoxia tolerance of the round crucian carp and largemouth bass：implications for physiological refugia in the macrophyte zone. *Ichthyological research*, **54**：308-312.

横田久里子ほか（2013）高頻度調査に基づく河川の窒素・リン流出負荷量の評価．環境科学会誌，26：140-149．

索　引

あ　行

亜硝酸態窒素（nitrite nitrogen：NO_2^--N）
　　110
アーマーコート（armor coat）　33
アンモニア態窒素（ammonium nitrogen：
　　NH_4^+-N）　108

一次生産（primary production）　138
イモリ（Salamandridae, salamander）　65

ウィンクラー法（Winkler method）　88
ウォッシュロード（wash load）　35

衛生工学（sanitary engineering）　1
MPN 法（最確値法）（most probable
　　number method）　126
塩湖（salt lake）　1
塩水（salt water）　1

汚水（sewage water）　1

か　行

海底地下水（submarine groundwater）　77
灰分重量（ash weight）　105
貝類（Mollusca）　54, 144
カエル（frog）　65
化学的酸素要求量（chemical oxygen
　　demand：COD）　96
化学物質安全データシート（material safety
　　data sheet：MSDS）　85
カゲロウ（mayfly）　148
可視化計測（visualization measurement）
　　39
加重平均水質（weighted average quality of
　　the water）　48
河床攪乱頻度（frequency of riverbed
　　disturbance）　6

河床形態（riverbed configuration）　26
河床勾配（riverbed slope）　21
河床材料（river bed material）　29
河床断面（river cross-section）　21
仮説（hypothesis）　3
河川景観（river landscape）　2
河川生態系（river ecosystem）　9
河川地形（river morphology）　21, 35
河相（river landscape）　25
カワゲラ（stonefly）　148
環境 DNA（environmental DNA：eDNA）
　　160
環境問題（environmental ploblem）　4
乾燥重量（dry weight）　107, 150

希釈平板法（agar plate dilution method）
　　125
基礎代謝量（魚）（basal metabolic rate）
　　153
吸光光度法（absorption spectrophotometry）
　　86
救命胴衣（life jacket）　20
強熱減量（ash free dry weight（mass）：
　　AFDW, ignition loss）　105
魚類（Pisces, fishes）　55

クロロフィル（chlorophyll）　133

ケイ酸（二酸化ケイ素，シリカ）（silica：
　　SiO_2）　122
珪藻（diatom）　131
懸濁物質量（suspended solid：SS）　95
検量線（standard curve）　87

甲殻類（Crustacea, crustaceans）　54
光合成（photosynthesis）　136
光合成-光曲線（photosynthesis-irradiance
　　curve）　135
紅藻（red algae）　129
古環境（paleo-environment）　164

呼吸（respiration）　136
個体識別方法（individual identification method）　68
古陸水学（paleo-limnology）　164
コロニー形成単位（colony forming unit）　126

さ　行

細菌（bacteria）　50
最大光合成速度（maximum photosynthesis rate：P_{max}）　136
砂州（sand bar）　27
砂堆（dune）　27
砂漣（sand ripple）　27
サンショウウオ（Cryptobranchoidea, salamander）　64

色度（water color）　95
湿重量（wet weight）　150
GPS（global positioning system：GPS）　13
GPS 機器（GPS device）　8
従属栄養（heterotrophy）　125
重量法（gravimetric analysis）　86
純生産（net primary production）　140
硝酸態窒素（nitrate nitrogen：NO_3^--N）　113
照度（illuminance）　45

水温（water temperature）　42
水景（water scape）　1
水質基準（water quality standard）　1
水質分析（water quality analysis）　4
水生昆虫（aquatic insect）　54, 148
水生生物（aquatic organism）　1

生態系サービス（ecosystem service）　1
生物化学的酸素要求量（biochemical oxygen demand：BOD）　102
生物量（biomass）　150
全窒素（total nitrogen：TN）　116
全リン（total phosphorus：TP）　120

総生産（gross primary production）　140
掃流砂（bed load）　35
藻類（algae）　51, 128

測量（三角測量）（triangulation）　22
粗粒化（armoring）　33

た　行

大腸菌群（coliform bacteria）　125
淡水（fresh water）　1

地下水（groundwater）　76
地形図（topographic map）　10
抽水植物（emergent plant）　141
鳥類（Aves, birds）　69
沈水植物（submerged plant）　141

電気伝導度（electric conductivity：EC）　47

透視度（transparency）　44
胴長靴（wader）　7
透明度（secchi disk transparency）　45
独立栄養（autotrophy）　125
トビケラ（caddisfly）　148
瀞（trench pool）　28

な　行

二枚貝（bivalves）　144
人間生活の質（quality of life：QOL）　1

ヌマガメ（Emydidae, marsh turtles, pond turtles）　66

ノンポイント汚染（non-point source pollution (diffuse pollution)）　100

は　行

爬虫類（Reptilia, reptiles）　63, 156
パックテスト（Pack Test）　50
早瀬（high gradient riffle）　27
反砂堆（antidune）　27
pH（potential of Hydrogen, power of Hydrogen）　48

光強度（irradiance）　46
微生物（microorganisms）　125
比抵抗探査（resistivity sounding）　78

標準溶液（standard solution）87
平瀬（riffle）28

富栄養化（eutrophication）1, 111
フェオ色素（pheopigment）135
淵（pool）28
浮遊砂（suspended load）35
浮遊植物（free-living plant）141
浮葉植物（floating-leaved plant）141
分光光度計（spectrophotometer）86

ま　行

巻貝（snails）144

水環境（water environment）1
水草（aquatic plant, macrophyte）53, 141

や　行

ヤゴ（dragonfly larva）148
野帳（field note）8

有機汚濁（organic pollution）1
有機態窒素（organic nitrogen：org-N）116
湧水（spring water）75

溶存酸素（dissolved oxygen：DO）6, 87
溶存態全窒素（dissolved total nitrogen：DTN）116
溶存態全リン（dissolved total phosphorus：DTP）120
溶存無機態窒素（dissolved inorganic nitrogen：DIN）116
溶存無機態リン（dissolved inorganic phosphorus：DIP）117
容量法（volumetric analysis）86

ら　行

落葉（litter）71
藍藻（blue green algae, cyanobacteria）129

陸水（inland water）1
陸水学（limnology）1
リター（litter）71
リターバッグ（litter bag）71
粒径加積曲線（grain size accumulation curve）32
流速（current velocity）35
粒度分布（grain (particle) size distribution）31, 33
流量（discharge）36
両生類（Amphibia, amphibians）63, 157
緑藻（green algae）129
リン酸態リン（phosphate phosphorus：PO_4^{3-}-P）5, 118

論文データベース（science paper database）5

身近な水の環境科学 [実習・測定編]
―自然の仕組みを調べるために―

定価はカバーに表示

2014年 6 月 20 日　初版第 1 刷
2014年 11 月 20 日　　　第 2 刷

編　集	日 本 陸 水 学 会 東 海 支 部 会
発 行 者	朝 倉 邦 造
発 行 所	株式 会社　朝 倉 書 店 東京都新宿区新小川町 6-29 郵便番号　162-8707 電　話　03(3260)0141 FAX　03(3260)0180 http://www.asakura.co.jp

〈検印省略〉

Ⓒ 2014〈無断複写・転載を禁ず〉　　中央印刷・渡辺製本

ISBN 978-4-254-18047-3　C 3040　　Printed in Japan

JCOPY　〈(社)出版者著作権管理機構 委託出版物〉

本書の無断複写は著作権法上での例外を除き禁じられています。複写される場合は、そのつど事前に、(社)出版者著作権管理機構(電話 03-3513-6969、FAX 03-3513-6979、e-mail: info@jcopy.or.jp)の許諾を得てください。

前農工大 小倉紀雄・九大 島谷幸宏・
前大阪府大 谷田一三編
図説 日本 の 河 川
18033-6 C3040　　　　B5判 176頁 本体4300円

日本全国の52河川を厳選しオールカラーで解説〔内容〕総説／標津川／釧路川／岩木川／奥入瀬川／利根川／多摩川／信濃川／黒部川／柿田川／木曽川／鴨川／紀ノ川／淀川／斐伊川／太田川／吉野川／四万十川／筑後川／屋久島／沖縄／他

東京都市大 田中 章著
HEP 入門（新装版）
―〈ハビタット評価手続き〉マニュアル―
18036-7 C3046　　　　A5判 280頁 本体3800円

HEP（ヘップ）は，環境への影響を野生生物の視点から生物学的にわかりやすく定量評価できる世界で最も普及している方法〔内容〕概念とメカニズム／日本での適用対象／適用プロセス／米国におけるHEP誕生の背景／日本での展開と可能性／他

兵庫県大 江崎保男・兵庫県大 田中哲夫編
水 辺 環 境 の 保 全
―生物群集の視点から―
10154-6 C3040　　　　B5判 232頁 本体5800円

野外生態学者13名が結集し，保全・復元すべき環境に生息する生物群集の生息基盤(生息できる理由)を詳述．〔内容〕河川（水生昆虫・魚類・鳥類）／水田・用水路（二枚貝・サギ・トンボ・水生昆虫・カエル・魚類）／ため池（トンボ・植物）

前日大 木平勇吉編
流 域 環 境 の 保 全（普及版）
18038-1 C3040　　　　B5判 136頁 本体2800円

信濃川（大熊孝），四万十川（大野晃），相模川（柿澤宏昭），鶴見川（岸由二），白神赤石川（土屋俊幸），由良川（田中滋），国有林（木平勇吉）の事例調査をふまえ，住民・行政・研究者が地域社会でパートナーとしての役割を構築する〈貴重な試み〉

埼玉大 浅枝 隆編著
図説 生 態 系 の 環 境
18034-3 C3040　　　　A5判 192頁 本体2800円

本文と図を効果的に配置し，図を追うだけで理解できるように工夫した教科書．工学系読者にも配慮した記述．〔内容〕生態学および陸水生態系の基礎知識／生息域の特性と開発の影響（湖沼，河川，ダム，汽水，海岸，里山・水田，道路など）

鳥取大 恒川篤史著
シリーズ〈緑地環境学〉1
緑地環境のモニタリングと評価
18501-0 C3340　　　　A5判 264頁 本体4600円

"保全情報学"の主要な技術要素を駆使した緑地環境のモニタリング・評価を平易に示す．〔内容〕緑地環境のモニタリングと評価とは／GISによる緑地環境の評価／リモートセンシングによる緑地環境のモニタリング／緑地環境のモデルと指標

小倉紀雄・竹村公太郎・谷田一三・松田芳夫編
水辺と人の環境学（上）
―川の誕生―
18041-1 C3040　　　　B5判 160頁 本体3500円

河川上流域の水辺環境を地理・植生・生態・防災など総合的な視点から読み解く〔内容〕水辺の地理／日本の水循環／河川生態系の連続性と循環／河川上流域の生態系（森林，ダム湖，水源・湧水，細流，上流域）／砂防の意義と歴史／森林管理の変遷

小倉紀雄・竹村公太郎・谷田一三・松田芳夫編
水辺と人の環境学（中）
―人々の生活と水辺―
18042-8 C3040　　　　B5判 160頁 本体3500円

河川中流域の水辺環境を地理・生態・交通・暮らしなど総合的な視点から読み解く〔内容〕扇状地と沖積平野／水資源と水利用／河川中流域の生態系／治水という営み／内陸水運の盛衰／水辺の自然再生と平成の河川法改正／水辺と生活／農地開発

小倉紀雄・竹村公太郎・谷田一三・松田芳夫編
水辺と人の環境学（下）
―水辺と都市―
18043-5 C3040　　　　B5判 176頁 本体3500円

河川下流域の水辺環境を地理・生態・都市・防災など総合的視点で読み解く〔内容〕河川と海の繋がり／水質汚染と変遷／下流・河口域の生態系／水と日本の近代化／都市と河川／海岸防護／海岸の保全・再生／都市の水辺と景観／水辺と都市

日本陸水学会東海支部会編
身 近 な 水 の 環 境 科 学
―源流から干潟まで―
18023-7 C3040　　　　A5判 176頁 本体2600円

川・海・湖など，私たちに身近な「水辺」をテーマに生態系や物質循環の仕組みをひもとき，環境問題に対峙する基礎力を養う好テキスト．〔内容〕川（上流から下流へ）／湖とダム／地下水／都市・水の水循環／干潟と内湾／環境問題と市民調査

上記価格（税別）は 2014 年 10 月現在